U0155265

乡居革命

RURAL HOUSING REVOLUTION

陈 鹭　方静莹 ◎ 著

华夏出版社
HUAXIA PUBLISHING HOUSE

图书在版编目（CIP）数据

乡居革命 / 陈鹭，方静莹著 . —— 北京：华夏出版社有限公司，2020.5
ISBN 978-7-5080-9929-3

Ⅰ . ①乡… Ⅱ . ①陈… ②方… Ⅲ . ①农村住宅 – 建筑设计 – 中国 Ⅳ . ① TU241.4

中国版本图书馆 CIP 数据核字 (2020) 第 057178 号

乡居革命

著　　者	陈　鹭　方静莹
责任编辑	张　平　曾　华

出版发行 华夏出版社有限公司
经　　销 新华书店
印　　刷 北京尚唐印刷包装有限公司
装　　订 三河市少明印务有限公司
版　　次 2020 年 5 月北京第 1 版
　　　　　　2020 年 5 月北京第 1 次印刷
开　　本 787mm×1092mm　1/16
印　　张 8
字　　数 100 千字
定　　价 68.00 元

华夏出版社有限公司　　　　地址：北京市东直门外香河园北里 4 号　邮编：100028
　　　　　　　　　　　　　网址：www.hxph.com.cn　　　电话：（010）64618981
若发现本版图书有印装质量问题，请与我社营销中心联系调换。

目录

引　言

乡居革命是什么？

乡居革命是村落建筑的革命，是基础设施和社会事业的革命，是生态环境的革命。从另一个角度看，乡居革命是在乡村居住着的人的革命，是乡村生活方式的革命，是乡村规划设计的革命。总言之，乡居革命就是乡居的现代化。

是否所有乡村都面临乡居革命？

否。一部分比较发达的乡村，居住条件已经实现现代化，已经基本完成了乡居革命。一部分受到保护的传统乡居，保护是第一位的，不涉及乡居现代化也就是乡居革命问题。还有一部分未来将被纳入城市的乡村，居住将随城市的发展实现现代化，也不涉及乡居革命问题。但是，其余大部分中国乡村，都将面临乡居革命。

乡居革命的目标是什么？

乡居革命的目标：切合实际的科学规划、集约科学的村落建筑、齐备完善的基础设施、美丽宜居的生态环境。

乡居革命的主要动力来自何方？

乡居革命的主要动力，来自乡村社会经济发展和实现农业和农村现代化的迫切要求，来自实现乡村居民对美好生活向往的迫切要求，也来自新时代国家经济发展新经济增长点培育的迫切要求。

乡居革命是乡村社会经济发展和实现农业和农村现代化的需要。

大力发展农村经济，不断提高农民收入水平，最终实现农业和农村的现代化，是促进乡居革命的根本动力。中国乡村经济的持续

发展、农民收入水平的持续提升，将成为推进乡居建设的强大力量。2018 年，乡村居民人均可支配收入 14617.03 元，恩格尔系数已经下降至 0.3，说明乡村居民的收入有较大幅度的提高。未来，随着乡村经济的进一步发展，农民增收还有较大潜力。

国家要实现现代化，就必须实现农业和农村的现代化。按照两个一百年的奋斗目标，我们还有 30 年左右的时间来完成农业和农村的现代化。乡居的现代化是农村现代化的重要组成部分，没有乡居的现代化，也就谈不上农村的现代化。

在目前的中国，不平衡不充分的发展，是一种较为普遍的客观存在。其中，城乡之间发展不平衡，大部分乡村发展不充分，是我国发展进程中面临并将在相当长的时期内面临的突出矛盾。要解决这一突出矛盾，就要振兴乡村。

▲ 广东省清远市上岳村，属保护型村落

浙江省兰溪市诸葛村。属保护型村落

我国有 14 亿多人，将来即使城镇化率达到 70%，也还有 4 亿多人居住在乡村。所以，无论到什么时候，都不能不重视农业、农村、农民问题。农业、农村、农民问题实际上是一个从事行业、居住地域和主体身份三位一体的问题。这一问题是农业文明向工业文明过渡的必然产物。它不是中国所特有的，无论是发达国家还是发展中国家，都有过类似的问题，只不过发达国家在一定时期内已经较好地解决了这一问题。

怎样实现乡村振兴？实现乡村振兴关键在于彻底打破城乡二元结构，下好城乡融合发展这盘大棋。城市和乡村，在地域上是互补的两个部分。城镇化，不能简单理解为乡村人口向城市迁移，它只是城镇化的一方面的内涵。伴随着城市发展的乡村发展，并最终实现乡居的现代化，减少和消除城乡差异，是城镇化的另一方面的内涵。让城市先发展起来，进而发挥城市对乡村的带动作用，使乡村也发展起来，并最终实现城乡的均衡发展，是我国乡村振兴的必由之路。

▼ 良好的乡村生态环境，绿水青山就是金山银山

▲ 湘西吊脚楼，属保护型民居

乡村振兴，生态宜居是关键。

生态，指的是要保护生态环境，坚持绿色导向、生态导向。良好的生态环境是提高人民生活水平，改善人民生活质量，提升人民安全感和幸福感的基础和保障，是重要的民生福祉。

宜居，指的是适宜居住。无论是发达地区还是贫困偏远地区，都要给老百姓一个舒适的居住环境。要用几十年的时间，切实解决好乡居问题，让乡村成为安居乐业的美丽家园。这就要结合乡村经济的发展，切实改善农民的居住条件和居住环境，真正实现我国乡居的现代化。

乡居革命是培育新经济增长点的需要。

城市先发展起来，进而带动乡村的发展，是城乡发展的一般规律。我国的城市建设，在四十年改革开放的进程中，取得了伟大的成就。城市人均住房建筑面积，已经超过 38 平方米。这个数字甚至已经超越了一些发达国家。

尽管随着城镇化率的不断提高，还需要相当数量的城市建设，但是，随着城市人均住房建筑面积的大幅提升，城市的超大规模建设已经基本告一段落。虽然未来还有大量的低质量建筑的改造和重建工作，还有一部分新建工作，但过去那样的超大规模的城市建设，已经很难持续。第一，城镇化速度放缓，并逐步接近拐点。城市人口增速将随着基数的增加而放缓，要继续维持每年 1% 的城镇化速度，恐怕会有一定的困难。第二，旧城改造总量减少。第三，城市人均住房面积已经达到较高标准，不会继续大幅度上升，结合发达国家的经验来看，未来甚至有少许下降的可能。第四，城市住宅质量提升，寿命延长，折旧量大量减少。以上四方面的因素决定了城市建设的规模将适度收缩。

▲ 江西省上饶市婺源县乡村，与城市有着天壤之别

　　同时，应当看到，我国人民日益增长的美好生活需要和不平衡不充分的发展之间的矛盾在乡村最为突出，我国仍处于并将长期处于社会主义初级阶段的特征很大程度上表现在乡村。全面建成小康社会和全面建设社会主义现代化强国，最艰巨最繁重的任务在乡村，最广泛最深厚的基础在乡村，最大的潜力和后劲也在乡村。因此，我国城乡建设的动能，将由以城市为主转向城乡并重，并将持续一个相当长的时期。

　　我国城乡建设新旧动能转换是美好乡居建设的动力。第一，乡村在未来将成为我国最具建设潜力的地区。乡村居民追求美好居住环境的愿望及乡村发展的巨大经济潜力，都决定了乡居建设具备巨大的潜力。第二，新的增长点在乡村。城市建设的增幅是逐步回落的，乡村却能保持较高增幅，这将为我国的经济发展提供新的增长点。乡村建设的一个重要环节就是乡居建设。第三，由于城市建设总量的缓慢回

落，乡居建设将成为我国建设领域新的亮点。如果说过去三四十年城市建设是我国建设的主战场的话，那么未来二三十年乡村建设将成为我国建设的新的主战场。

从乡居现代化的视角考察中国乡村建设，主要存在以下问题：村落建筑需要集中科学；基础设施需要齐备，社会事业需要完善；生态环境需要美丽宜居。

应当看到，乡居的提升，不能一蹴而就，而是一个长期、持续的过程。2020年之后，应当再用20～30年的时间，进一步提升乡居水平，完成现代化的中国乡居建设：集约科学的村落建筑；齐备的基础设施，完善的社会事业；美丽宜居的生态环境。

乡居革命，应当以村落建筑革命作为主体；以基础设施革命和社会事业革命作为基础；以生态环境革命作为先行。

第一章

集约科学的村落建筑

要使乡村有集约科学的村落建筑，首先要梳理清楚村落建筑的现状与问题，并就改变现状与解决问题提出切实可行的方案。

第一节 村落建筑的现状与问题

梳理村落建筑的现状发现，现在面临的主要问题是村落用地要更集约、村庄规划要更合理、居住建筑要更科学。

一、村落用地要更集约

土地资源是人类赖以生存和发展的资源，但是随着我国经济社会的快速发展，城镇化进程的加速，非农建设占用了大量农用地，导致人地矛盾越来越突出。

总体上，村落用地要更集约。

乡村建设用地浪费严重主要表现在：自然村落规模总体偏小，布局分散；人均建设用地指标长期偏高；村庄交通面积过大；宅基地分配面积标准过高；宅基地形态不利于节约土地；建筑容积率过低。

▲ 新疆禾木村，风景极其优美，但村落中存在大量空地，村落的分散显而易见

（一）自然村落规模总体偏小，布局分散

据统计，21 世纪初，我国有自然村落 360 多万个，这么庞大的数字，足见自然村落的分散程度。在城乡一体化的过程中，一个重要的变化就是自然村落大量减少，村庄不断集中。

总体上，自然村落规模总体偏小，布局分散，是乡村建设用地浪费严重的重要原因。

（二）人均建设用地指标长期偏高

乡村建设用地长期缺乏规划管控。中华人民共和国成立之前，乡村村落多是自发形成的。中华人民共和国成立之后，乡村居住用地实行划拨制度。自 20 世纪 80 年代起，虽然开始对乡村住房建设统一规划，但并没有形成执行规划的机制。20 世纪 90 年代之后，虽然开始有了相对详尽的土地使用规划，但在编制过程中存在对乡村建设用地总规模控制相对宽松的问题，在执行过程中政府无力顾及大量的村庄建设，批地建房的随意性很大，致使乡村住宅建设杂乱无序。进入 21 世纪之后，尽管开始推行城乡建设用地增减挂钩政策，但由于在乡村规划和建设管控方面缺乏强有力的手段，效果并不很好。其结果是，乡村人均建设用地指标长期居高不下。《镇规划标准》（GB 50188-2007）中人均 60 ～ 140m^2 的指标，实际上定得偏高。

以重庆市为例，《重庆市城乡规划村庄规划导则（试行）》规定：改、扩建村庄："以非耕地为主建设的村庄，人均规划建设用地指标 80 ～ 110m^2/人，对以占用耕地建设为主或人均耕地面积为 0.7 亩以下的村庄，人均规划建设用地指标为 60 ～ 90m^2/人。现在人均乡村建设用地已超过 150m^2/人的集中村庄，规划用地标准不得超过 150m^2/人。新建村庄：以非耕地为主建设的村庄，人均规划建设用地指标为 70m^2/人，对以占用耕地建设为主或人均耕地面积为 0.7 亩以下的村庄，人均规划建设用地指标为 60m^2/人。"当然，重庆市是山区城市，平地较少，可用于农村住宅建设的土地较为紧张，其人均建设用地指标必然相对较低。

总体上，乡村建设用地指标 60 ～ 80m^2/人较为合理。

这个建设用地包括住宅建设用地、基础设施用地、公共活动空间用地和村落交通用地。

（三）村庄交通面积过大

乡村村落是自然生长的，这就造成了村落形态散碎的局面。自然

生长的村落形成过程，导致了村落用地缺乏科学合理的规划。缺乏科学合理的规划，进一步加剧了村落建设用地的分散零碎。而用地的分散零碎，又导致了村落交通效率低下，村庄交通面积进一步增大。交通面积过大进而导致村庄面积过大。

（四）宅基地分配面积标准过高

在现行的乡村宅基地分配和建筑管控政策下，即使在东部发达地区，也存在宅基地分配政策过于宽松、面积标准过高的问题。

以北京市为例。目前，北京市户均宅基地控制标准为 0.25 ~ 0.3 亩（每公顷 60 ~ 49.5 户，未计入村落交通面积），虽然较过去已经有较大幅度的下降，但仍然存在过高的问题。按每户 3 人计算，0.25 亩就是 166.7m²，也就是人均 56.6m²；0.3 亩就是 200m²，也就是人均 66.7m²，这显然是过高的。

而重庆市较北京市而言，宅基地标准低很多。《重庆市城乡规划村庄规划导则（试行）》规定："主城九区范围内村民宅基地标准为每人 20 ~ 25m²，主城九区外的其他区县范围内村民宅基地标准为每人 25 ~ 30m²，3 人以下户按 3 人计算，4 人户按 4 人计算，5 人以上户按 5 人计算。"重庆市的标准似乎较为合适。而且，北京市平原地区的宅基地多为平地，比较好用，指标降下来有其合理性。

对于宅基地的面积，只有与住宅面积及容积率一同测算才有意义。我国现在乡村人均住宅面积为 45 ~ 50m²，尽管在不同的地区，容积率存在差异，但经过测算普遍认为，低层（本书中的"低层"指 3 层及以下，下同）高密度住宅或者 4 层的多层（本书中的"多层"指 4 ~ 6 层，下同）高密度住宅，容积率在 1 以上是比较科学合理的。

根据《城市居住区规划设计标准》（GB50180-2018）规定，低层住宅容积率为 1.10 ~ 1.30，则乡村低层或 4 层的多层住宅，容积率为 1.00 ~ 1.40 是比较合理的。这样，人均宅基地面积控制在 40 平方米左右是适宜的，甚至再低一些，到 25 平方米左右，也是合理的。

但是，北京市昌平区小汤山镇某村，村庄占地面积 21.65 公顷，住宅用地 16.74 公顷，宅基地 249 块，每块宅基地的平均面积为 672 平方米，超过 1 亩。显然，这个村庄的宅基地使用是很不经济的，尽管这个问题是历史形成的。

（五）宅基地形态不利于节约土地

仅仅控制宅基地的面积而不控制宅基地的形态，仍然不能完全解决节约土地的问题。目前，我们的宅基地面宽往往过大，进深往往过小，这实际上是不利于节约土地的。宅基地的形态决定了建筑的舒适度和集约度，舒适度高，集约度就低，反之亦然。要在集约度与舒适度之间寻求一种平衡，就要在面宽和进深之间寻求一种平衡。适当的面宽和进深是保证舒适度和集约度的必要条件。（当然，通过科学合理的设计，在面宽较小的土地上，也能建设出舒适度较高的住宅。）但是在宅基地的批地过程中，却明显存在用地面宽过大、进深过小的浪费问题。

用地面宽过大、进深过小，不利于形成紧凑集约的建筑形态，加剧了建筑形态的小和散，不仅不利于节约土地，而且在节约其他资源方面也存在明显的不足。

用地面宽和进深的合理配比是形成土地集约利用机制的先决条件之一，只有有了合适的面宽和进深，才能做到乡村住宅土地的节约。

乡居革命

（六）建筑容积率过低

　　根据测算，不同气候区的乡村低层高密度住宅，经过精心合理的设计，可使容积率为 1.00 ～ 1.40。如果建成 4 层的多层高密度住宅，容积率还能略微有所提升。这样的住宅容积率，既能保证居住的舒适度，又能达到节约土地的目的，是比较合适的。但是，现实的乡村却普遍存在住宅容积率过低的问题，尤其是乡村常见的合院式平房，容积率常常在 0.5 左右，甚至远远低于 0.5，这样低的住宅容积率，造成的直接结果就是土地浪费的问题十分严重。

　　诚然，乡村住宅的容积率不应当等同于城市住宅的容积率。尽管乡村住宅不应该追求过高的容积率，但也应该有一个下限，不能放得过低，低层或 4 层的多层高密度住宅的容积率控制在 1 以上，应该说是相对比较合理的。

　　由此可见，要想节约土地，就要合理控制建筑容积率。

二、村庄规划要更合理

　　目前的乡村规划主要存在以下问题。

　　第一，对乡村规划的重视程度不足，对乡村规划的重视程度远远不如对城市规划的重视程度。

　　第二，对乡村交通的梳理存在不足。

　　第三，对乡村建筑形态的把控存在不足，只把控建筑的形式，而没有通过具体的设计把控建筑的形态。

　　第四，对乡村公共活动场所的完善存在不足。

　　第五，对乡村绿色空间的规划存在不足。

三、居住建筑要更科学

乡居的现代化，从一定角度看，是乡居的科学化。居住建筑要更科学有哪些具体的内容呢？

第一，建筑要适用。适用包括三个方面：一是符合时代的特色；二是符合人的生活需要；三是符合所在地的具体条件，与环境相适应。

第二，建筑要经济。经济即节约，包括节约土地，节约能源，节约材料等。

第三，建筑要美观。建筑科学自身的特点决定了建筑是科学与艺术的结合，要注重美观。

总之，乡村居住建筑要适用、经济、美观。

但是，目前的乡村居住建筑，恰恰存在不够适用、不够经济、不够美观的问题。

（一）不够适用

乡村居住建筑不够科学，首先在于不够适用。建筑是一种容器，容器内承载的是一种生活。因此，住区规划和住宅设计不仅仅是建造居住的容器，更是创造一种生活方式。我国的乡村住宅，在一些比较发达的地区，已经走在现代化的道路上。但是，还有很多不发达、欠发达地区的住宅仍然脱胎于当地的传统民居，虽然历史文脉继承得较好，却与现代化生活相去甚远。例如，现代家庭结构对住宅设计提出了新的要求，需要乡村住宅单体同这种新的要求相适应，但是目前这种适应还远远不够。

▲ 镇远古镇新吊脚楼住宅

　　今天的住宅，应当汲取我国传统民居的生态思想和艺术符号的精华，摒弃传统民居的缺点和不足。同时，要坚决地走乡村居住现代化的道路，改变目前乡村居住建筑不够适用的状况。

　　例如，在江南临水民居的建设中，可以借鉴吊脚楼的设计方法。又如，乡村家庭的小型化，对乡村住宅建筑提出了新的要求，但一些乡村住宅建筑并未发生根本性的变化，于是不能适应新的家庭结构。还如，现代化的家用电器、现代化的生活方式，大大改变了对乡村居住建筑的要求，但这些要求并没有很好地反映到乡村居住建筑的规划设计与建设中来。

　　适用，在很大程度上是适应现代生活方式，也就是一个乡居现代化的问题。现代和传统，是辩证的统一关系。要现代化，就不能过多地强调传统，因为生活在变，传统也在变。要尽量保留传统建筑中的优秀合理的部分，坚决摒弃其不合理、不适应现代生活的部分。

▲ 与现代生活方式相联系的现代家居

　　随着乡村产业的发展，农民收入的提高，农民文化水平的提升，农民生活方式的变革，应适时地移风易俗，推进乡村居住的现代化。

　　农民的生活方式变了，必然要求相适应的新的居住形式。现代化的农民必然要求现代化的居住形式。乡村的现代化，在生活上，很大程度上表现为乡居的现代化。因此，必须坚定不移地走乡居现代化的道路，并以此为抓手，推进整个乡村的现代化。

　　乡村住宅的现代化不是一个一蹴而就的过程，而是一个经过了量变积累并最终达到质变爆发的过程。现在，经过改革开放四十年的量变积累，乡村住宅的现代化正在质变的爆发之中。住宅现代化，前提是居住方式和生活方式的现代化。形式追随使用功能是住宅变革的一般规律，只有热情拥抱而不是冷漠怀疑这场住宅的变革，才能更好地迎接新的时代。

▲ 村落相对集中，带来资源上的节约

（二）不够经济

乡村居住建筑不够科学，也在于不够经济。不够经济也就是不够节约，即在土地资源和建筑材料、能源、资金上不够节约。

第一，在土地资源和建筑材料上不够节约。在土地资源上的浪费，主要表现为乡村村落用地松散零碎，建筑容积率过低；在建筑材料上的浪费，主要表现为建筑单体分散，体量过小，墙体面积过大。

第二，在能源上不够节约。在能源上不够节约主要有两个方面：一是在建

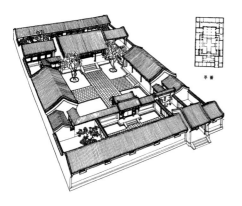

▲ 北京四合院建筑体形美观，具有特色，但体形系数过大，节能效果不佳

▲ 现代建筑的代表——萨伏伊别墅，集中式布局，较四合院更适合现代生活

造过程中的能源浪费，二是在整个住宅使用过程中的能源浪费，以后者更为严重。在能源上不够节约的原因在于建筑体形系数过大，缺少保温层，以及采暖空调设备制热制冷效率低。

第三，在资金上不够节约。在资金上不够节约主要是由前面所述的在土地资源和建筑材料、能源上的不够节约引起的。另外一个重要原因是在建造中缺少科学的规划设计，且建筑物零散，建筑规模太小。

（三）不够美观

乡村居住建筑不够科学，还在于不够美观。过去那种把审美和科学完全对立起来的做法是不对的。美在一定程度上是有规律性的，也就是有科学性的。传统乡居有传统的美，现代乡居有现代的美。对于审美，一定不要先入为主。

▲ 现代乡居，结合地形的跌落，产生出动人的美感

建筑美的内容包含两个方面。

第一，建筑体现的形式美。形式美直接诉诸人的感官。建筑的形式美表现在建筑的序列组合、空间安排、比例尺度、造型式样、色彩装饰、节奏韵律、质感等方面。统一、均衡、比例、韵律、对比、布局中的序列、规则的和不规则的序列设计、色彩运用等，是创造建筑形式美的法则。

第二，建筑体现的时代精神和社会物质文化风貌。建筑美具有时代的、民族的、地域的文化特征，体现着一定时代和民族的社会政治、哲学、伦理观念，并受到民族文化传统、地理气候、风俗习惯的制约。

▲ 广东省潮州市黄正村，乡居的群体之美

　　城市建筑有城市建筑之美，乡村建筑也有乡村建筑之美。这两种美既有共性，又有个性。

　　共性在于：在城乡一体化融合发展的过程中，乡村建筑愈来愈像城市建筑，建筑审美在趋同。城市作为先实现现代化的地方，其审美对乡村产生了辐射，潜移默化地影响着乡村的建筑审美。

　　个性在于：乡村的建筑密度低，村庄所在的环境复杂多样，与城市环境有较大差异，乡村建筑借此而获得与城市建筑不同的个性。一些人片面强调乡村居住建筑的个性而忽略了城乡居住建筑的共性，另一些人片面强调城乡居住建筑的共性而抹杀了乡村居住建筑的个性，这两种倾向都是不可取的。目前，很多乡村居住建筑，总体上缺乏美感。

位于甘肃省桑科草原的传统夯土村落之美

第二节　适度集约村落建设用地

乡村居住形态的发展，要求乡村村落适度集中，改变过于分散的状况。这既是节约土地的需要，又是村落形态升级改造的需要。从现阶段我国乡村村落的实际情况出发，适度集中是必须的。只有适度集中才能带来效率，只有适度集中才能带来现代和当代的居住形态。要坚决调整乡村居住村落的过于分散的形态，建设适度集中、开合有度的新乡村村落。

一、适当迁村并点

我国乡村村庄分布广，规模小，经济发展水平落后。在当前国家大力推行城乡一体化和城乡融合发展的浪潮中，传统的村庄发展方式已难以适应现代社会发展的需要。同时，为使农民早日享受到经济社会发展带来的成果与效益，享受到公共服务均等化的好处，国家在要求大力发展乡村、解决"三农"问题的背景下，适时推出了"迁村并点"政策。迁村并点是近些年来我国乡村的一项重大改革，对乡村的发展及农民的生活方式有着巨大的影响。它促进了乡村经济社会的进一步发展，为"三农"问题的解决提供了新思路。一方面，为了集中乡村建设用地，提高农民的居住水平，必须适当地迁村并点。如上海市提出，将郊区原有的 50000 多个自然村居民点逐渐归并为 600 个左右的中心村。[①] 当然，迁村并点要考虑所在地域的实际情况，如考虑是山区还是平原，是南方地区还是北方地区，是发达地区还是欠发

---

① 邱川.上海郊区农民集中建房住宅设计研究 [D].上海：同济大学，2006：3.

▲ 贵州省黔西南布依族苗族自治州安龙县乡村安居点的开合有度的新乡村村落

达地区等，从实际情况出发，制定科学合理的政策措施加以引导和扶持。另一方面，我国乡村交通事业的发展和农民生活水平的提高，为迁村并点的变革提供了可能性。也就是说，居住地到耕作地的距离不再是影响耕作的制约条件。

总体上，我国的自然村偏多。在未来的发展过程中，自然村的大量减少、村庄的合并重组，将成为必然的趋势。相关部门的统计数字显示，我国的自然村在 21 世纪初有 360 多万个，在 21 世纪的第一个十年，每年消失约 10 万个，在第二个十年，消失的速度还要快。自然村的消失，在文化学者看来，是重要的物质和文化遗产的消亡。但是从另外的角度看，自然村的减少，恰恰是社会经济发展的必然结果。正确的态度是，既不一概反对自然村的减少，也不一概赞同自然村的消亡。对于那些有历史文化价值的自然村落要坚决地保护，避免其消亡；对于一般的自然村落，需要归并的就坚决地归并。

村庄的归并，在提高建设的效益上是合算的。村庄只有拥有适度

▲ 适当迁村并点，形成相对集中的居住形态

的规模，才能更好地节约土地，才能开展适度规模的建设活动，才能减少基础设施建设的资金和人力物力的投入。村庄的归并，可以和乡村土地整理结合起来，通过土地整理来获得效益。

村庄相对于城市而言，是低密度、低集约度的。但是，村庄相对于散居而言，又是高密度、高集约度的。未来村庄发展的重要方向就是适度集约，提升规模。只有通过适度集约，提升规模，才能实现乡村与城市形态的融合，才能实现城乡融合发展，才能真正打破城乡二元结构。

当然，中国地大物博，地形多样，气候类型丰富，村庄的合并必须充分考虑各地的实际情况，因地制宜，因势利导。

二、适度集中村庄用地

目前，乡村人口数量发展的一个重要趋势就是逐渐减少。这是快速城镇化，大量乡村人口涌入城市的必然结果。因此，乡村建设用地

应适度收缩，适度集中。要改变村庄建设用地地块小，格局分散和零碎的状况，就要对整个村庄的建设用地进行整理，就要适度集中村庄建设用地，实现村庄建设用地的减量发展。村庄用地的集中不同于城市用地的高度集中，村庄用地的集中是适度集中。

要给外出务工逐渐城镇化的乡村居民保留宅基地和耕地，这是保证他们切身利益的重要一招。但宅基地的面积，应当结合当地的实际情况，确定适当的标准。既要坚决反对"存在即合理"的土地政策简单化的倾向，又要为村民保留一定标准的宅基地。依法取得宅基地使用权是村民的基本权益，必须重视。

三、建立乡村住宅用地指标体系

长期以来，城镇建设用地有一系列控制性指标，乡村住宅用地也应结合各地实际，适时推出指标体系，以保证土地的集约使用。上海市在这方面进行了有益的探索。2019 年颁布的《上海市农村村民住房建设管理办法》（沪府令 16 号）对建房人口与宅基地面积关系等做了规定："5 人户及 5 人以下户的宅基地面积不超过 140 平方米、建筑占地面积不超过 90 平方米；6 人户及 6 人以上户的宅基地面积不超过 160 平方米、建筑占地面积不超过 100 平方米……房屋檐口高度不得超过 10 米，屋脊高度不得超过 13 米。"对于不符合分户条件的 6 人以上户，可增加建筑面积，但不应增加宅基地总面积和建筑占地面积。

前文已经论及，宅基地面积在人均 40 平方米左右是适宜的，但在实际操作中，还应考虑不同地区、不同气候类型的具体条件来加以确定。能否根据气候类型的不同、地形的起伏程度，增加一个或者两个宅基地确定的系数，以实现对全国乡村宅基地总量的控制，这是需要我们进一步探讨的问题。

▲ 贵州省新农村建设中的迁村并点形成的集中居住点

四、改革宅基地使用办法

　　要改变乡村宅基地无偿或基本无偿使用的现状，收取适当的宅基地出让金，通过经济杠杆抑制对宅基地的不合理需求。要结合各地乡村居民收入水平，合理确定宅基地土地出让金的标准。要测算乡村可用建设用地的数量和宅基地块数，合理控制出让金总量。要通过利益杠杆，拉开乡村宅基地有偿使用的改革大幕。目前，乡村土地使用费用过低，起不到抑制对建设用地的不合理需求的作用。只有经过科学测算，发挥经济杠杆的作用，才能真正抑制对乡村建设用地的不合理需求。

　　为每户农民保留一块宅基地，是城镇化进程中的重要战略决策，也是保障农民权益的重要一招。但是，所保留宅基地的面积是否应当有一定的标准？这在当前已经是不容回避的关键性问题。如果没有标

准，乡村的土地就不可能管理，乡村的用地松散零碎的现象、乡村的土地浪费现象，就无法从根本上加以遏制。乡村不同于城市，但在土地管理上，在考虑其自身个性的同时，是不是也该考虑其与城市土地的若干共性？这个问题很值得深思。过去是强调乡村土地的个性多，讲城乡土地管理中的共性少，看来需要在一定程度上改变这一状况。

五、合理划分居住地块

只有合理划分居住地块，才能真正做到村庄居住建设用地的减量发展。合理划分居住地块的方法：合理确定宅基地地块面积、合理确定宅基地地块形状、合理确定宅基地地块的组合形态。

第一，合理确定宅基地地块面积。从各地乡村宅基地的面积数值情况看，乡村宅基地面积从 80 平方米至 800 平方米不等，区域的差别较大。陈百明、宋伟利用农户调查数据构建的乡村宅基地估算模型的模拟结果表明，区位、地形、住宅形式、农户人口规模和区域乡村人均耕地水平都对乡村宅基地面积有着较为显著的影响。其一般规律是，山区的乡村宅基地面积要大于平原的；乡村腹地的宅基地面积要大于城乡交错带的；平房住宅形式的乡村住宅占地面积要大于楼房的；农户人口规模较大区域的乡村宅基地面积较大；乡村人均耕地面积较大区域的乡村宅基地面积较大。乡村宅基地标准值的确定应综合考虑区位、地形、住宅形式、农户人口规模和区域乡村人均耕地水平等因素。乡村宅基地模型的模拟结果表明，考虑到我国的乡村人均耕地水平、农户人口规模和住宅形式等因素的变化，全国乡村户均宅基地标准控制在 100 ～ 120 平方米较为合适。各省份乡村宅基地的户均标准各不相同，同一省份内，不同区位、地形和住宅形式农户的乡村宅基地面积也有差异。

▲ 节约用地的小面宽、大进深联排住宅

因为乡村宅基地地块面积不包括村落的交通等公共活动场所面积，所以容积率略有提高是合理的。从居住目标设定的角度看，目前我国乡村户均人口数略小于 3，如果按照较为舒适的人均建筑面积 50 平方米计算，150 平方米左右的建筑面积刚好满足 3 人的居住需求，恰好做到居住舒适且略有富余。根据测算，户均宅基地面积以控制在 100 ～ 120 平方米为宜。

第二，合理确定宅基地地块形状。只控制宅基地地块面积而忽视控制宅基地地块形状，是造成乡村住宅建设用地大量浪费的一个重要原因。目前，一般宅基地的形状多为正方形或面宽大于进深的长方形，这就造成了土地利用的集约度不高，交通面积偏大等问题，直接

乡居革命

导致总用地面积增加。现代住宅一个很重要的特征是节约土地，有良好的经济性。因此，要想推进乡村住宅的现代化进程，就必须解决宅基地占地面积偏大的问题。根据测算，地块（含宅间小路等交通面积）面宽与进深之比为 1 : 3 ~ 1 : 4 比较合适。

第三，合理确定宅基地地块的组合形态。只控制宅基地地块面积而忽视控制宅基地地块的组合形态，是造成乡村住宅建设用地大量浪费的又一重要原因。要通过科学合理的规划和设计，结合村落内部路网系统，形成适当的宅基地地块的组合形态，以集中乡村建设用地。

六、恰当控制建筑形态

只控制宅基地地块面积、形状和组合形态而不控制宅基地地块上的居住建筑形态，是造成村落土地不够集约的一大原因。建议以后的宅基地分配方案与建筑方案同步完成，把建筑方案作为批准宅基地的附带条件，从而改变村落过分分散的现状。必须改变过去建筑面宽大、进深小的状况。地块的面宽与进深，与地块上建筑的面宽与进深直接相关。有什么样的宅基地地块的面宽与进深，就有什么样的居住建筑的面宽与进深与之相对应。

第三节　科学编制并实施村庄规划

对于传统乡村居住区的更新与改造，始于对原有乡村居住区村落形态的梳理和概括，之后是运用现代居住区的科学理论，谋划未来乡村居住区的新形态。对未来新的乡村居住区形态的谋划，是建设美丽乡村必须高度重视的问题。

一、科学编制村庄规划

要想改变过去村落用地松散零碎的状况，就必须搞好村庄规划工作。规划的首要任务，就是节约乡村的建设用地，坚决控制住村庄的规模。如果还照着老的办法，每家划定一块宅基地，任由各家各户自由建设，乡村的建设用地，永远也不能达到集约的目标。要使土地集约利用，就要在规划和建筑形态上下功夫。不能再搞一块土地建设一栋住房的那一套，而要实现住宅的适度集中建设、适度规模建设。整个村落要有总体规划和修建性详细规划，并且要按照规划实施。

▼ 分散的传统乡村居住模式

新的中国乡村住宅区的规划，应该是一种什么层面上的规划？笔者认为，它应该是一种总体规划、控制性详细规划和修建性详细规划的结合。建议未来的乡村新住宅规划，由宅基地分配规划变成住宅区控制性详细规划带修建性详细规划。我国的住宅规划，经历了从摆房子到划分地块的革新过程，但是在乡村规划中，似乎应当重新把划分地块与摆放房子结合起来，只有这样，所做出的规划才更实用，更管用。要在一张蓝图绘到底的同时，注意规划类型的多样性、适应性。

（一）科学编制总体规划

村庄有大有小，但总体规划却必不可少。总体规划，解决的是村庄的社会经济发展战略问题、空间结构问题。村庄的总体规划，应从村庄的实际出发，不要简单地划分地块了事，而要结合村庄建筑的实际情况，画出总平面图，明确路网结构和居住用地结构。

要科学编制总体规划，就必须把总体规划和控制性详细规划、修建性详细规划结合起来，上下联动，不断互动，最终形成"有用的"实用性总体规划。特别要在用地规模控制上下功夫，否则，总体规划就是纸上谈兵，"墙上挂挂"而已。

（二）科学编制控制性详细规划

控制性详细规划是城市、乡镇人民政府城乡规划主管部门根据城市、镇总体规划的要求，用以控制建设用地性质、使用强度及空间环境的规划。村庄不同于城市，在过去相当长的时间内，村庄甚至不用编制控制性详细规划。但随着乡村建设的发展，随着村庄建设水准的提高，特别是随着村庄城镇化的发展，探索适应乡村建设特点的控制性详细规划势在必行。村庄控制性详细规划的核心是控制用地规模，做到节约土地。在节约土地的问题上，既要考虑历史的延续性，又要符合时代的要求。这就要求控制性详细规划和修建性详细规划结合起来，协同工作，以实现土地的节约。

（三）科学编制修建性详细规划

修建性详细规划是制定用以指导各项建筑和工程设施的设计和施工的规划，是详细规划的一种。编制修建性详细规划的主要任务是满足上一层次规划的要求，直接对建设项目做出具体的安排和规划设计，并为下一层次建筑、园林和市政工程设计提供依据。乡村的修建性详细规划，不能简单等同于城市的修建性详细规划，而应更多侧重于土地的整理与建筑方案的结合。要做到乡村村落土地的集约使用，就必须为乡村制定修建性详细规划。其后的建筑设计，应当遵从这一修建性详细规划所确定的建筑的基本体形，以确保修建性详细规划对用地的控制落到实处。按照修建性详细规划进行村落的更新改造，有时可以一气呵成，有时必须分期分片进行，有时还要逐渐更新。但无论采取何种更新方式，都要有一张蓝图绘到底的魄力和定力。只有这样，科学合理的规划设计才能真正落到实处，村落的空间形态控制才能真正落到实处。

要编制修建性详细规划，就要在乡村建筑的形态上下一番功夫。首先要改变乡村规划只划定地块、不做建筑设计的现状。只有将地块划分和建筑设计结合起来，才能获得合理的土地集约利用方案。要下决心从现在改起，改变过去的规划形式和规划内容。规划要落地，接地气，就必须具有可实施性。修建性详细规划的一大优点是把抽象的地块变成具象的建筑，即把划分地块和摆放房子结合起来。这种结合，对于乡居来说，可能更为有用。

（四）认真梳理和改进乡村规划

第一，要确立规划设计在当代乡村住宅建设中的首要地位。政府在乡村住宅的建设或改造过程中，有的提供部分资金，有的提供部分材料。但是，农民们实际上最需要的是政府提供科学合理并具有艺术性的规划设计。一座住宅，成本几十万元，只要拿出百分之三到百分之五进行合理的规划设计，在后续建造中，所节约的成本，远远不止这百分之三到百分之五。而且，合理的规划设计能创造合理的生活方式，将使几代人受益。因此，必须把确立规划设计工作的龙头地位贯彻在乡村建设的全过程之中。用科学合理的规划设计代替过去不科学、不合理的规划设计，将大大延续乡村建筑的使用寿命，切实提高资源节约水平，改善农民的实际生活环境。

第二，要建立政府替农民购买规划设计的机制。政府在乡村住宅的建设过程中，与其补贴一定的费用给农民用于建设，不如替农民购买规划设计，这样对乡居水平提升所产生的作用会更大一些。乡居水平要提升，就要求科学合理和专业的规划设计。当前的情况是，乡村缺乏专业的规划设计人员。因此，在乡居建设的整个过程之中，要加强专业规划设计人员的参与，改变乡村建设缺乏规划设计的现状。专业的规划设计人员，也应积极投身乡村建设的整个过程，改变重城市规划设计、轻乡村规划设计的现状。要探索建立政府替农民购买规划设计的机制，把乡村规划设计放在更加突出和重要的位置，使美丽乡村建设建立在更加坚实可靠的基础之上。

第三，要从传统村落形态的现代化入手，科学合理地规划设计村庄生活。在扬弃传统村落中的不合理成分和不适合当代人生活的部分的同时，应充分保留其合理的内容，使新的村落既在一定程度上传承原有村落积淀的历史文脉，又适合当代人的生活，适合当代人的需要。当代农民究竟有哪些居住的需要？这是一个十分重要的问题，要切实地研究，科学地回答。要想获得科学的答案，没有别的捷径可走，只有老老实实地体验乡村生活，认认真真地进行实地调查。此外，还要认真研究城乡居住的异同、国外乡居与中国乡居的异同、不同地区不同条件下乡居的异同。要坚决从传统村落形态的现代化入手，科学合理地规划设计乡村生活，只有这样，才能做出既具地方特色又有时代特征的乡村规划设计。

第四，要改变规划设计中见物不见人的情形。规划，不是要规划出冷冰冰的钢筋混凝土森林，而是要规划出具有现代乡村人情味道的空间和场所，让人始终成为规划服务的核心。要体现人情味，更好地为乡村中居住的人服务，就要先搞清楚在这个具体的乡村中居住的人的情况。要进行的不是泛泛的人口调查，而是精准的人的调查。例如，有的村庄，青壮年大都外出务工，留守的多是老人和孩子，规划前，要先搞清楚这些留守人员的需求，同时兼顾外出务工人员的长远需求。总之，要改变规划设计中见物不见人的情形，既要见人，又要见物。

第五，要考虑乡村交通工具的变革。小汽车正在逐步进入中国乡村家庭，因此，现代乡村村落的规划设计必须考虑小汽车对村落形态、道路系统、建筑设计等的影响。要科学合理地确定乡村内部道路的断面，满足小汽车通行的需要。要大力解决乡村静态交通问题，做好停车场所的规划设计。在这一点上，要有超前意识。在城市的规划设计中，我们不是没有吃过停车位滞后于实际需求的亏。因此，在乡村建设中，要未雨绸缪，早做安排。

第六，要切实改进能源结构。我国乡村的能源结构正在悄然发生变化。煤改气、煤改电推动了乡村能源结构的调整，乡村的规划必

须适应新的能源结构。能源结构的改变，实际上是乡村经济发展的内在要求。乡村经济发展了，必然要新的能源结构与之相适应。要大力推进乡村电能设施和电网建设，提高电能消费在乡村能源消费中的比例。在适宜的地区，应推进天然气等高质量清洁能源的使用。总之，规划设计要从改进能源结构入手，科学合理地预测乡村的能源消费。

第七，要考虑乡村基础设施建设问题。我国的乡村基础设施建设已经取得了不小的成就，但距离人民群众的希望、舒适居住的目标，还有很长的路要走。首先，要重视村庄实体基础设施建设，搞好水、电、路等基础设施的建设。其次，要抓好社会服务基础设施建设，配套好教、科、文、卫、体等基础设施。

二、重组村落内外交通

重组村落内外交通包括以下五个方面：确立交通先行的指导思想、合理组织乡村外部路网、科学规划内部道路系统、合理设计村落道路断面、解决村落静态交通问题。

（一）确立交通先行的指导思想

尽管多年来我国乡村交通建设取得了很大成就，但我国乡村交通不够便捷的问题依然存在。特别是那些欠发达地区，乡村交通总体水平偏低。在乡村振兴的过程中，无论是发展经济还是建设乡居，都要确立交通先行的指导思想。

（二）合理组织乡村外部路网

要系统地解决乡村内部交通问题，就必须先解决好乡村的对外交通问题，特别是对外道路与内部路网的接驳问题。村村通公路工程是国家构建和谐社会、支持乡村建设的一项重大举措。该工程旨在实现所有村庄通沥青路或水泥路，以突破乡村经济发展的交通瓶颈，解决亿万农民的出行难题。村村通的外部交通线，应当充分考虑与乡村内部道路的接驳，为形成乡村良好的交通环境提供支撑。村村通的外部道路，还应该在"通"的基础上进一步升级改造，为乡村提供良好的外部交通环境。

目前，村庄对外公路等级普遍偏低，需要进一步提升等级。另外，还有一些村道的布局不够合理，需要进一步优化。

（三）科学规划内部道路系统

第一，科学规划乡村内部路网。决定村落基本形态的是村落的骨架——路网系统。如果村落内部交通组织欠佳，就会直接影响村落的形态。所以，要改善村落的形态，就应当从村落的内部交通入手。科学规划乡村内部路网对形成集约有度的村落形态而言意义重大。

第二，科学规划村落路网形态。按照路网系统的不同，路网形态可以分为链状形态、树状形态、环状形态和网状形态。决定路网系统形态的是对外交通状况、地形和各种历史因素。在上述四种村落路网的基本形态之外，还有一些混合形态和变形，但这四种类型，基本上可以概括我国村庄路网的形态。在规划村落内部路网时，要根据村落的对外交通状况、地形与各种历史因素，科学地确定该村落采用何种路网形态。

第三，科学规划村落路网间距。在确定村落路网形态的基础上，要科学规划路网间距。路网间距决定了住宅建设用地地块的进深，而住宅建设用地地块的进深如何，对能否节约土地资源有决定性的影响。

乡居革命

▲ 江西省新余市某村落，内外道路贯通

　　总之，科学规划乡村内部路网、科学规划村落路网形态、科学规划村落路网间距，对集约使用乡村建设中的土地资源、构建美丽的村落形态，都具有十分重要的意义，应当给予高度重视。

（四）合理设计村落道路断面

　　对于道路断面的设计，在城市规划中受到较多的重视，但在乡村规划中往往重视不够。对于村落道路断面的设计重视不够表现在：将就自发形成的道路断面，或者对道路断面缺乏通盘考虑，只是头痛医头，脚痛医脚。而合理的村落道路断面对村落未来的长远发展具有重大意义，它将对村落形成科学合理的骨骼起到关键作用。因此，道路断面问题必须认真研究并认真解决。再过二三十年，在我国的大多数村庄中，预计大多数住户都会拥有小汽车等现代化的交通工具，村内科学合理的道路系统和道路断面就会显得愈发重要。

（五）解决村落静态交通问题

如前所述，可以预见的未来二三十年，大部分乡村住户都将拥有自己的私家汽车。这些汽车在村落中的停放问题，也就是村落静态交通问题。对于这个问题，从现在开始就要未雨绸缪，在规划中做出恰当的安排。要预测村庄的汽车数量，合理规划村落静态交通体系。在建筑设计中，既要在住宅中留出内部停车位，也要在村庄中留足公共停车位，为村庄的长远、持续发展留余地。

三、把握居住建筑群体形态

要准确把握居住建筑群体形态。在乡村，最好的经济科学的建筑群体形态应该是联排住宅。

首先，联排住宅楼层不高，密度适当，容积率适当。这对于在提高舒适度的同时节约土地十分有利。

其次，联排住宅的体形系数较为合理，在低层高密度的情况下，相对于独栋式、双拼式或合院式住宅，其体形系数相对较低，有利于住宅节能。

再次，联排住宅的舒适度较好，符合经济宽裕后乡村居民的生活需要。

最后，联排住宅符合现代化生活的需要。

四、完善公共活动场所

村落公共活动场所是村落文化的栖息地，完善村落公共活动场所是保持村庄文脉延续的重要手段。

▲ 联排住宅

（一）厘清乡村公共活动设施存在的问题

我国传统村落的公共活动场所颇具特色，但现代化的生活要求创造新的公共活动场所。近年来，在新乡村建设中加强了村庄公共活动场所的梳理和建设，但还存在不少问题：公共活动场所缺乏真正意义上的公共活动；公共活动场所对村庄主要人群的针对性不强；公共活动场所的活动空间面面俱到，缺少特色；公共活动场所的场所感缺失；公共活动场所缺乏可持续性。

第一，公共活动场所缺乏真正意义上的公共活动。公共活动场所的存在，依赖于公共活动本身。怎样组织乡村公共活动，恰恰是公共活动场所规划设计中的薄弱环节。应当按照公共活动的需要规划建设公共活动场所，有的放矢，使物质空间的存在有所依托。但是，目前村庄公共活动场所的建设缺少系统的规划，与村落中的居住建筑结合得不佳，与村庄中绝大多数居民的实际需求不相适应，缺乏传统公共活动场所的那种"生长感"。村落公共活动场所适用性下降的最终结果是村落公共活动场所的利用率不高。

第二，公共活动场所对村庄主要人群的针对性不强。乡村的留守人员主要是老人和孩子，他们是乡村公共活动场所活动的主要人群。但乡村在公共活动场所的营造中对这些主要人群的针对性不强，甚至照搬照抄城里的模式，结果是所建的公共活动场所与乡村主要人群的实际需求脱节。

第三，公共活动场所的活动空间面面俱到，缺少特色。在公共活动场所的布局和建设过程中片面求大求全，不考虑村庄规模、村庄特点，企图在所有的村庄中都建立完整的公共空间体系，而不是结合村庄实际情况有所取舍，结果是投资撒了沙子，而许多公共场所缺少特色。

第四，公共活动场所的场所感缺失。场所不是建筑，也不等同于空间。场所是具有文脉意义的空间。在村庄中新建一些公共建筑，或者开辟一些公共空间，并不能自然成为公共活动场所。许多村庄的公共活动场所恰恰缺少场所感，也就是存在文脉意义的缺失。

第五，公共活动场所缺乏可持续性。许多公共活动场所存在"重建设""轻管理"问题。一些公共活动场所建成后被挪作他用。一些建成的公共活动场所，在后续使用过程中缺少维护经费，逐渐湮灭消失。总体上，乡村公共活动场所可持续性缺失。

叶丽琴关于公共空间的研究结论也适用于公共场所。她认为公共空间是连接村落外部及室内的过渡空间，更是农户生产和公共活动的主要场所。随着乡村人口的变化，产业结构的不断调整、升级，村落呈现结构分散、无序扩张的状态，村落空间转型加剧，新型乡村社区建设成为破解城乡二元结构的重要抓手。公共空间作为新型乡村社

区建设的重要一环，空间的整体协调有利于整个社区空间的效能和形象的提升。新型乡村社区这一新的居住模式在提高农民生活水平的同时，也打破了农户传统的交往方式，暴露出诸如空间尺度无序、"城市社区偏向"、与农户需求脱节等问题，导致新型乡村社区建设阻力加大，农户社区认同感低。群众是公共空间产生的根本，真实、客观地了解农户，掌握其公共空间利用偏好，从农户需求出发，合理规划和建设社区公共空间，不仅有利于稳步推进城乡一体化进程，还能促进乡村土地资源的可持续利用及提升农户社区领域感及幸福感。①

（二）梳理公共活动场所

经过梳理，规划设计公共活动场所应注意以下五个方面：创造乡村公共活动；针对村庄主要人群；突出重点，避免面面俱到；形成公共活动场所的文脉；加强乡村公共场所管理。

第一，创造乡村公共活动。传统的乡村公共活动场所之所以存在，是因为存在传统的公共活动，如祠堂中的祭祖活动，戏台和周围空间的观戏活动等。随着乡村现代化进程的演替，乡村出现了传统公共活动消失而现代公共活动又尚未真正产生的公共活动的真空。而一些规划设计者往往无的放矢，脱离公共活动去规划设计公共活动场所。因此，很有必要创造新的乡村公共活动。乡村的公共活动与城市的公共活动相比，有许多共性，也有许多不同，这一方面是由乡村和城市的文化差异造成的，另一方面是由乡村和城市的收入差异造成的。我们的时代呼唤当代的乡村公共活动，我们的规划设计者要善于创造新的乡村公共活动。

---

① 叶琴丽. 基于农户视角的新型农村社区公共空间重构研究 [D]. 重庆：西南大学，2014：5.

▲ 江南传统村落中的戏台，村落的重要公共活动空间

第二，针对村庄主要人群。乡村公共活动场所的设置，要针对村庄主要人群。目前，很多村庄出现"空心化"现象，老人多，孩子多，妇女多，因此，在乡村公共场所的设置上，要考虑到活动人员的针对性。但是，又不要过分短视，还应预留人员重新发生变化时的余地。

第三，突出重点，避免面面俱到。乡村的集中度较城市低，乡村聚落的规模较城市小，这就决定了乡村聚落中的公共活动场所的数量不会像城市中那样多。因此，在规划乡村公共活动场所的时候要有所取舍，突出重点，避免面面俱到。要善于抓住某一个乡村最急需的公共活动场所是什么，最急需的公共活动场所是哪几个，围绕着这些重点做文章。

第四，形成公共活动场所的文脉。要形成公共活动场所，就要形成公共活动场所的文脉。过去，对城市的文脉和文脉延续的研究较多，而对乡村的文脉和文脉延续的探讨则较少。其实，乡村的文脉传承同样是一件十分重要的工作。过去，规划师和建筑师一提起文脉的延续，大都会采用提炼符号的做法。这种做法，既对也不对。因为除了提炼符号，更重要的是提炼生活，让传统"活"下去。

第五，加强乡村公共场所管理。对乡村公共场所，往往存在重建设、轻管理的问题。要切实加强乡村公共场所的管理、维护，使乡村公共场所真正能够为村民活动提供服务。

第四节　科学现代的居住建筑

中国传统的乡村住宅在悠久的历史进程中逐渐形成了特有的居住模式，这种模式，有其存在的历史文化背景，有其赖以发展的地理条件，有其优秀的一面。同时，中国传统的乡村住宅又存在许多历史发展中的局限性。在现代化的进程中，我们要不忘本来，吸收外来，面向未来，把传统居住文化同现代生活相结合，认真学习、合理借鉴人类文明的一切优秀成果，以建设中国当代的乡村居住建筑。

中国幅员辽阔，气候类型多样，发展极不平衡，东中西部乡村居住条件相差很大，居住形式也存在较大差异。东部富裕起来的地区，居住水平较高，乡村住宅已经基本实现现代化，一些农民甚至居住在带电梯的别墅里。而一些相对落后的地区，居住水平还比较低，乡村住宅还有漫长的现代化道路要走。

与中国改革开放同步，中国住房改革也将近四十年。四十年间，我国城乡居民的居住状况发生了天翻地覆的变化。1978 年城镇居民人均住房面积只有 6.7 平方米，2018 年超过 38 平方米；1978 年乡村人均住房面积只有 8.1 平方米，2016 年达到 45.8 平方米，而且住房质量不断提高[①]。

这样的数据无疑是骄人的，但是在这骄人的数据背后，是我国乡村住宅仍然存在总体居住水平不高的问题。我国广大乡村地区的住宅，还要经历相当长的现代化过程。要实现乡村住宅现代化，应该做到四点：合理设定居住目标；恰当选择住宅类型；确立现代居住形态；制定节地节能建筑方案。

一、合理设定居住目标

中国住房改革取得了骄人的成绩，城乡居民居住状况发生了天翻地覆的变化，当代乡村住宅的居住目标是建设宽裕型住宅。

（一）城市居住目标的发展与借鉴意义

1993 年，"中国城市小康住宅研究"建议小康居住目标分为"最低目标""一般目标""理想目标"，并确定了勾画这三个目标的 12 项指标[②]。当时，"理想目标"的面积标准为人均使用面积 15 平方米，人均居住面积 11 平方米，每套使用面积 52 平方米，每套建筑面积 70 平方米。1997 年的"城市示范小区住宅设计建议标准"将住宅分为一类、二类、三类、四类。其中，四类住宅使用面积 75～90 平方米，建筑面积 100～120 平方米。

---

① 《报告》课题组 . 中国住房发展报告（2018—2019）. http://www.jzzypt.com/NewsView3909.html.

② 朱霭敏 . 跨世纪的住宅设计 [M]. 北京：中国建筑工业出版社，1998：9-12.

经过了将近三十年的高速发展，目前城市人均住房建筑面积已经达到 38 平方米，按照 75% 的使用系数折算，人均使用面积 28.5 平方米，是当时"理想目标"设定的人均使用面积 15 平方米的 1.9 倍。也就是说，城市住宅的"小康"水平早已达到。按照人均建筑面积 38 平方米、户均 3 人计算，户均建筑面积已经达到 114 平方米，达到了当时设定的四类住宅的水平。城市住宅已经经历了从居者有其屋向居者优其屋的过渡。

但是，由于乡村住宅建设一直处于自发状态，对于乡村住宅是否需要设定居住目标，一直有不同的看法。依笔者愚见，乡村住宅也需要设定适当的居住目标。首先，中国地少人多，住宅的总量需要控制，城市住宅需要设定居住目标，乡村住宅也不例外。其次，对于乡村住宅，既要设定改善的水平，又要限制不合理的需求。最后，乡村住宅建设同样需要科学合理的建设指导。

从今天乡村住宅建设的现状来看，长期没有给乡村住宅设定居住目标，是以前乡村住宅政策的显著缺陷。

（二）宽裕型乡村住宅目标的设定

对于我国农民的生活水平，随着农业和农村的发展，提法在不断变化，从"小康"到"生活宽裕"，有了很大进步。未来 20 ~ 30 年，跨过"生活宽裕"进入"生活富裕"的境界，应当成为我国乡村发展的重要目标。

小康之后，甚至比较高水平的小康之后，住宅应当是什么样的？笔者认为，住宅应当是宽裕型的。

乡村居住的人均建筑面积，已经达到 45.8 平方米，所以未来乡村的住宅，应当是与"生活宽裕"水平相对应的宽裕型住宅。

豪华型住宅的居住目标过高，会造成土地资源、能源、材料的浪费。在我国地少人多的客观条件的限制下，大量发展豪华型住宅是不现实的。而且，追求居住的豪华，并不是一种文明的生活方式。因此，笔者认为，豪华型住宅不应成为未来 20 ~ 30 年的我国乡村住宅的居住目标。

从发达国家住宅情况看，20 世纪 90 年代，它们居民的居住水平普遍达到了宽裕水准。美国、英国、德国、法国、意大利、瑞典、日本是其中有代表性的国家。这些国家每千人住宅套数 368 ~ 471 套，平均 423 套；每套 3.9 ~ 5.4 室，平均 4.7 室；每室 0.4 ~ 0.9 人，平均 0.6 人；每套建筑面积 85.4 ~ 157.7 平方米；人均建筑面积 31.0 ~ 61.3 平方米；住宅私有化率除德国和瑞典外，均在 50% 以上[1]。近年来，这些国家新建住宅的套建筑面积，不但没有增大，反而有所缩小。

从后小康型住宅到宽裕型住宅，不再以面积的增大作为主要考察目标，而转向以提高综合居住品质作为主要考察目标。从国外的经验看，20 世纪七八十年代以后，单套住宅面积，不但没有增大，反而略有缩小。我国乡村住宅也面临从单纯追求面积指标向追求综合居住品质的转变。

未来 20 ~ 30 年我国乡村居民居住目标的设定，既要参考国际通行的标准，又要结合我国的实际情况。乡村的宽裕型住宅，宜每套在 4 居室左右（不低于 3 居室，不高于 5 居室），每套建筑面积 150 平方米左右（不低于 120 平方米，不高于 180 平方米），人均建筑面积 50 平方米左右。考虑到乡村堆放农具的需要，还宜在居室以外增加一间储藏室。

---

[1] 曾锐胜 . 城市舒适性住宅设计研究 [D]. 天津：天津大学，2005（12）：9-10.

在《住房和城乡建设部办公厅关于开展农村住房建设试点工作的通知》【建办村〔2019〕11号】中，关于乡村居住目标的设定是这样表述的："到2035年，农房建设普遍有管理，农民居住条件和乡村风貌普遍改善，农民基本住上适应新的生活方式的宜居型农房。"并提出要建设"宜居型示范农房"。但是，宜居是所有住宅的追求，不同标准的住宅，都有其宜居性，所以笔者认为，还是提"宽裕型"乡村住宅较为科学。

人均建筑面积50平方米，较目前的人均建筑面积有所上升。上升的依据是国家发展改革委能源研究所的预测：到2030年中国的人均居住水平会超过日本，接近英国、法国等发达国家水平，有些地区可能还会接近北美水平，城市人均住宅建筑面积可达到45平方米，乡村人均住宅建筑面积也会在40～45平方米之间。这意味着城镇三口之家平均住宅建筑面积为135平方米左右。目前，我国乡村家庭的户均人口数略低于3人，这样算来，乡村户均住宅建筑面积约120～130平方米[1]。

过去传统的合院式住宅，往往是大家族共同聚居，十几人乃至几十人共同居住于一院。现代社会的一个突出特点，就是家庭小型化。现在看来，城市家庭的小型化趋势很明显，乡村家庭的小型化速度也很快。家庭小型化，一个直接的结果就是住宅的套面积在一定条件下存在适度缩小的趋势。

总之，在未来相当长的一段时期内，乡村住宅应该以舒适型住宅作为主流。

---

① 国家发改委能源研究所.节约型消费模式对未来能源需求的影响.http://www.nea.gov.cn/2012-02/10/c_131402874.htm.

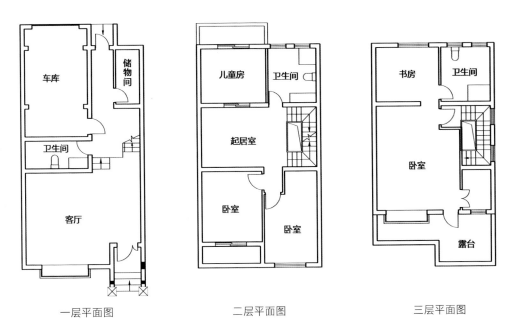

一层平面图　　　　　　　二层平面图　　　　　　　三层平面图

▲ 联排住宅——北京康城某住宅平面图

二、恰当选择住宅类型

笔者认为，未来20～30年，乡村住宅类型应以联立式的联排住宅和由它发展而来的叠拼住宅为主。

前文已经从节约用地的角度探讨了乡村住宅类型问题，下文要从住宅类型比较的角度探讨乡村住宅类型问题。

（一）垂直分户住宅与水平分户住宅

根据分户情况，可以把住宅分为垂直分户住宅和水平分户住宅。

垂直分户住宅，主要包括独栋住宅、双拼住宅和联排住宅。这类住宅，既占天又占地，是比较高档的豪华型和宽裕型住宅。

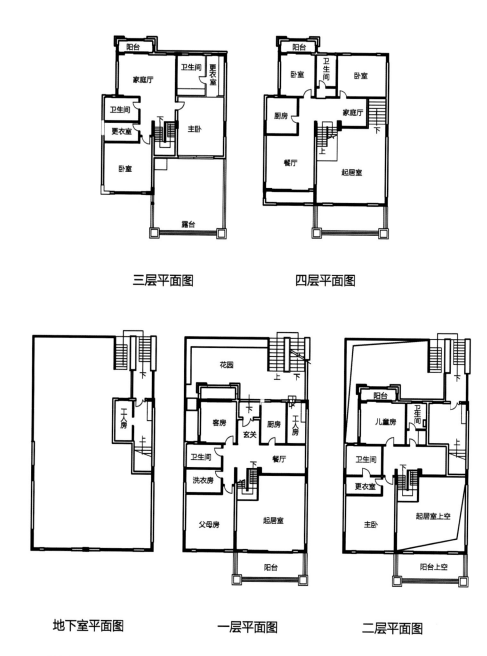

三层平面图   四层平面图

地下室平面图   一层平面图   二层平面图

▲ 叠拼住宅——中旅国际公馆某住宅平面图

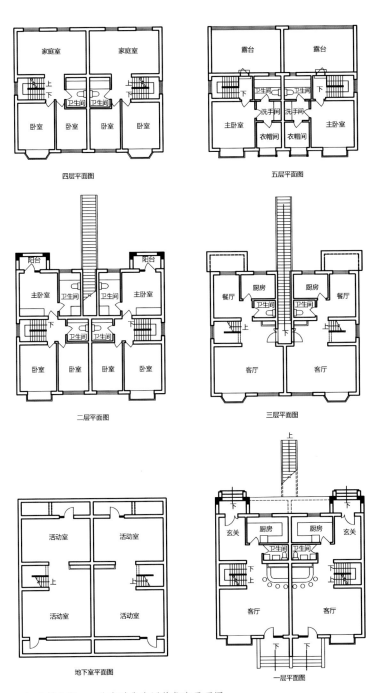

四层平面图

五层平面图

二层平面图

三层平面图

地下室平面图

一层平面图

▲ 叠拼住宅——北京时代庄园某住宅平面图

水平分户住宅，一般指单元式住宅，也就是所谓的集合住宅，包括高层住宅和多层住宅。

高层住宅包括中高层住宅、高层住宅和超高层住宅。高层住宅密度过高，管理养护费用较高，居住舒适度相对不佳，与乡村的农耕生活脱节，不太适宜在乡村发展。

多层住宅一般指 4～6 层的居住建筑，也包括顶层为跃层的 7 层的居住建筑。多层住宅可以不带电梯，管理养护费用相对低廉。但是，5～6 层不带电梯的住宅舒适度较低，目前，城市中许多这样的住宅在老龄化社会的背景下，已经成为"鸡肋"，所以，新的规范规定，4 层以上多层单元式城市住宅需要设电梯。

与垂直分户住宅相比较，水平分户住宅的舒适度相对较低，住宅套型面积水平总体相对较低。水平分户住宅，更多地适应城市住宅高密度发展的需要，不太适应乡村住宅密度相对较低的居住体系。

"叠拼住宅"是介于垂直分户住宅和水平分户住宅之间的一种住宅类型，舒适度较垂直分户住宅略低，较水平分户住宅略高。

（二）发展联排和叠拼住宅

从中国乡居的现状看，普遍的情况是，乡村中一般都采用垂直分户住宅。但是，独栋住宅和双拼住宅，占地面积过大，属于豪华型住宅，在我国地少人多、资源紧张的情况下，并不适用。而且，从居住文明的角度看，豪华型住宅过度浪费资源，并非居住文明的体现。

联排住宅和由其衍生的叠拼住宅，具有别墅等高档住宅的某些舒适特性，又相对节约能源和土地，属于宽裕型住宅，适宜在我国广大乡村推广。

▲ 荷兰某联排住宅（资料来源:《欧创建筑》）

三、确立现代居住形态

现代化的乡村居住建筑究竟有何特征？笔者认为有以下几点：科学合理的规划设计；适应生活的结构形式；节地节能的绿色形态；追随时代的设备设施；科学艺术的室内设计。

（一）科学合理的规划设计

现代化的住宅，首先是根据科学的原理进行规划设计的住宅。但是，我国的乡村住宅目前普遍存在缺乏规划设计的问题。

首先，缺乏规划设计，导致土地资源大量浪费及住宅群体分布不合理。

其次，缺乏规划设计，导致住宅面积不小但功能却不够完善，使用起来不够方便。

再次，缺乏规划设计，导致在住宅建设过程中材料的使用不合理，最终造成材料的浪费。

最后，缺乏规划设计，大大阻碍了我国乡村住宅现代化的进程。

住宅套型面积增大及较高的人均居住建筑面积，对居住水平的提高有决定性的意义。但是，不能简单地说，居住面积大就等于居住水平高。只有经过精心设计，具有适合现代化生活所要求的设施、设备的住宅，才是较高居住水平的住宅。大而不当的问题，在城市住宅中存在，在乡村住宅中更为突出，如房间的面宽和进深的比例不合理，造成房间使用上的不方便；整座住宅交通组织得不合理，造成使用和功能上的很多问题；房间面积分配不合理，影响居住的舒适度；缺乏保温节能构造，降低了居住的舒适度；等等。

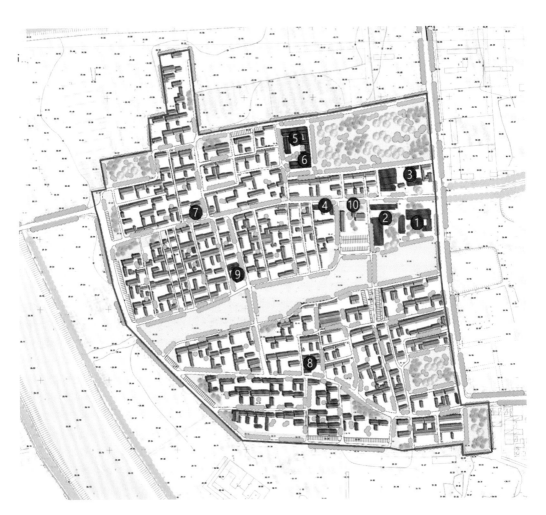

▲ 北京市昌平区小汤山镇某村规划之公共服务设施

乡居革命

乡村要实现由原有的居住形态向现代的居住形态转变，首先要改进住宅设计。

1.改进乡村住宅设计，要古为今用，洋为中用

第一，充分吸收和借鉴中国传统居住建筑中优秀、合理、科学的部分为当代所用，作为设计新时代乡村住宅的重要元素。中国传统民居蕴含着许许多多居住建筑的智慧，是居住建筑设计的宝贵素材库。在新时代乡村住宅的设计中，要继承中国传统民居中优秀、科学、合理的部分，并结合当代实际，为当代所用。但继承既不是简单地提炼其符号，也不是简单地照搬其形式，而是深入地挖掘其居住的思想与智慧。

第二，充分吸收和借鉴当代我国城市住宅设计的最新成果，结合乡村的实际情况，为乡村所用，设计新时代中国乡村住宅。城市住宅和乡村住宅是既有区别又有联系的两类居住建筑。城乡一体化的趋势及城乡

▼ 海南省三亚市某乡村建筑设计图

融合发展的趋势，决定了这两类住宅将逐渐趋同。对乡村住宅越来越像城市住宅，不能简单地加以否定。乡村住宅现代化的过程，一个重要的方向就是学习城市现代住宅的精神内涵，其中也要学习城市住宅的形式特点。要充分吸收和借鉴中国当代城市住宅的最新成果，结合乡村的实际情况，为乡村所用，设计出符合时代要求的新的乡村住宅。

　　第三，充分吸收和借鉴当代国外城乡住宅设计的最新成果，结合我国乡村的实际情况，设计新时代中国乡村住宅。当代国外城乡住宅建设有着相当丰富的经验，应充分学习并借鉴这些经验。当然，这种借鉴不是简单地照搬照抄，而是消化吸收。例如，欧洲乡村住宅的生态节能设计就很值得学习与借鉴。

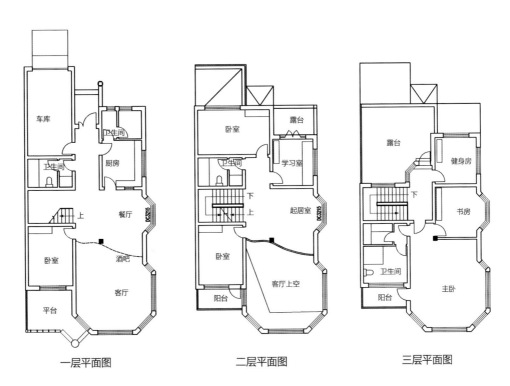

一层平面图　　　　二层平面图　　　　三层平面图

▲ 现代住宅的代表——北京市亦庄一栋洋房双拼住宅平面图

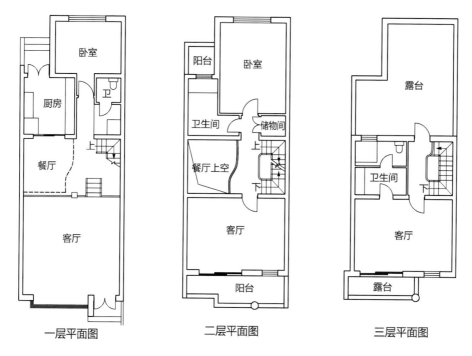

一层平面图　　　　二层平面图　　　　三层平面图

▲ 现代住宅的代表——北京市亦庄一栋洋房联排住宅平面图

　　第四，面向时代，面向未来，精心设计，创作出无愧于时代要求、经得起历史检验的新时代乡村住宅。一座住宅的使用寿命短则四五十年，长可达百年，因此我们的设计必须面向时代，面向未来。住宅的灵活性、可变性、适应性十分重要，要充分预留未来发展的空间，使住宅的设计经得起历史的检验。

　　2. 改进乡村住宅设计，要抓住若干核心问题

　　第一，要高度重视改进乡村住宅设计问题。在建筑设计领域中普遍存在重公建、轻住宅的问题，在住宅设计领域中又普遍存在重城市、轻乡村的问题。随着乡村经济的发展，乡村对住宅适应现代生活的要求越来越高，这就要求我们解决存在的问题，高度重视乡村住宅的设计工作。

▲ 尼德兰的联排住宅（资料来源：《半独立式及联排住宅》）

第二，改进乡村住宅设计，要古为今用，洋为中用。要科学吸收古今中外住宅设计的优秀成果，设计出符合今天生活要求的乡村住宅。

第三，改进乡村住宅设计，要合理控制住宅面积。乡村住宅的套型面积应当有所控制。虽然乡村住宅的投资主体一般是农民，一般来说，对他们营造住宅的面积基本不必控制，但是从科学规划、合理设计的角度看，还是应当有所控制。这种控制，既可以节约住宅的建造成本，又可以节约土地和能源，还可以降低住宅全生命周期中的能源消耗，符合资源节约型、环境友好型社会建设提出的要求。地方政府应当结合本地情况，设定乡村住宅的最高面积限制，积极引导合理的乡村住宅建设。在设定最高面积限制时，要考虑不同住宅形式（联立式、独立式、双拼式、叠拼式等）的不同特点，分别确定最高面积标准。

乡居革命

▲ 国外某联排住宅

▼ 美国华盛顿特区的弗农山庄联排住宅

某联排住宅外观

第四，改进乡村住宅设计，要合理确定住宅层高和总高。对于城市住宅的层高，为了节约土地、节省造价，已经研究得比较透彻；对于乡村住宅的层高，现在还缺乏研究。但是，乡村住宅量大面广，如果每栋建筑层高增加 10 厘米，住宅造价就会增加 3% 左右。从全国来说，就会增加很大一笔开销。而且，层高过高，不利于降低单方造价，不利于节约土地和其他资源。所以建议在充分研究乡村住宅层高和舒适度关系的前提下，认真梳理乡村住宅层高问题，对乡村住宅层高控制提出建议和意见。目前，城市住宅的层高一般控制在 2.70～3.00 米，乡村住宅的层高可以适当放宽，以控制在 3.2 米以内为宜。层高过低，影响居住的舒适性；层高过高，既增加建设成本，又影响节能减排，还增加了套内交通面积。层高过高还有一些缺陷，不仅影响节约土地等资源，而且不利于抗震。合理控制层高，可以改善建筑的抗震性能。此外，适当的层高，还有利于整个住宅生命周期内的能源节约。当然，为了提升起居空间等特定空间的舒适度，可以局部提高层高，以满足舒适性的要求。坡屋顶的局部，也可以提高或降低层高，以满足特定空间的特殊需要。

目前，一些地方（例如北京市）将乡村住宅的层数限制在 2 层（总高 7.2 米）以内，现在看来不够经济。合理的总高才能确保集约利用土地，节约能源消耗。上海市规定乡村住宅檐口高度不超过 10 米，屋脊高度不超过 13 米，似乎较为合适。总体上看，还是将住宅总层数控制在 3～4 层（户入口不高于 3 层），也就是总高 10～13 米比较经济合理。层数过低，土地浪费严重，单位面积能耗较高。

第五，改进乡村住宅设计，要改进套内房间面积分配。不仅乡村住宅，城市住宅也面临改进套内各房间面积分配的问题。但是，乡村住宅相对于城市住宅，人均建筑面积更大，改进套内房间面积分配的问题更加突出。这些年乡村住宅的各类空间明显存在增大的趋势，但同时也存在空间大而不当的问题。怎样规划好比以前的住宅大了许多的各类房间，应当是研究乡村住宅的一个很重大的问题。例如，新建的乡村住宅，厅的面积多大合适？卧室的面积多大合适？这些面积所对应的面宽进深怎样达到最佳居住效果？……这些问题都很值得研究。传统的建筑设计资料中关于房间尺度的资料，大都是为适应城市住宅的需要而确立的，对乡村住宅虽然有一定的参考和借鉴意义，但在某些方面并不适合于乡村住宅。乡村住宅用地相对宽裕，密度相对较低，因而在乡村住宅的房间尺度权衡中，要充分考虑乡村住宅的特点，做到有所针对，有的放矢。为了在较大限度上提高乡村住宅的舒适度，建议乡村住宅主卧室的尺度放宽到使用面积20平方米左右（不含附带的卫生间），面宽4～5米；乡村住宅的客厅在30～40平方米，面宽5～6米；乡村住宅的卫生间，在5～6平方米。

套内面积的分配问题，实际上是住宅内各个房间面积的权衡问题。要改变过去房间平均分配的做法，做到空间大小有致，分布均衡。特别是在总面积限定的条件下，更应当做好权衡的工作，使有限的面积得到充分、合理的使用。

套内面积的分配，还要和各类空间的面宽、进深比例关系的确定结合起来。因为同样的面积，不同的面宽、进深，所获得的空间效果大大不同。乡村住宅的用地不像城市住宅的用地那样紧张，所以面宽可以做得大一些，以提高空间的舒适度。

（二）适应生活的结构形式

我国的乡村住宅，经历了从草木结构到土木结构、砖木结构、砖混结构和钢混结构的发展历程，与乡村经济的发展水平密切相关。目

前，乡村住宅的结构多为砖木结构和砖混结构，结构形式相对比较落后。从结构体系上看，随着经济的发展、农民收入水平的提升，乡村住宅结构还有进一步提升的空间。建议未来二三十年，乡村住宅结构逐步向以钢混结构为主转型。钢混结构，有利于提高住宅的安全性，有利于提高住宅的使用寿命，有利于提高居住的舒适度，有利于提高建筑的适应性，有利于未来的空间改造。从住宅总造价的角度看，不断提升的人工成本将成为住宅造价的主要部分，结构部分的造价在总造价中呈现下降的趋势，因而逐步提高我国乡村住宅的结构水平是可能的。

我国乡村的发展极不平衡，乡村住宅的结构多种形式并存。从富裕地区的框架结构，到中等地区的砖混和砖木结构，到贫困地区的木结构乃至生土结构等，各种结构类型都存在着。我国乡村住宅的现代化，很重要的一个方面就是结构的现代化。这就要求我们必须对乡村居住建筑的结构重新定位。从居住建筑的耐久性、舒适性和空间灵活性等角度看，框架结构应当逐步成为我国在相当长的一个阶段乡村居住建筑的首选。框架结构的耐久性、舒适性和空间灵活性最佳，但造价略高于砖混结构。砖混结构经过精心设计，也能获得较好的耐久性、舒适性和空间灵活性，但砖混结构的材料——黏土砖，因毁坏耕地而逐步被混凝土砌块所代替。砖木结构、木结构和生土结构，尽管有若干优点，但耐久性不佳，舒适性较差，空间不够灵活，应该随着乡村住宅的发展而逐步淘汰掉。

要探索空间的灵活性、可变性和适应性，就必须从结构选型入手。同时，要认真进行乡村住宅结构设计的研究，在可能的范围内增大面宽，创造灵活多变的空间。

乡村住宅结构的提升，首先是住宅安全性的提升。目前，一些乡村住宅虽然面积不小，但是安全性却不高，存在的问题有砖混结构住宅墙体过薄，高厚比过大以及缺少混凝土构造柱和圈梁等，抗震性能较差。结构的提升不但可以增强住宅的抗震性能，而且可以延长住宅的使用寿命。例如，普通砖混结构住宅的使用寿命为四五十年，而钢混结构住宅的使用寿命则可以达到百年以上。结构的提升还可以使住宅的适应性更强。例如，钢混结构能提供房间分隔上的灵活性。

（三）节地节能的绿色形态

传统乡居一个明显的缺点是不够节地。这一点，前文已经、后文将会做详尽的论述，不再赘言。

传统乡居另一个明显的缺点是不够节能。首先，乡居体形分散，体形系数偏高，在节能方面存在严重不足，不够节能。其次，乡居以户为单位独立布置，外墙面积多，不够节能。再次，建筑单体在维护结构方面存在先天的欠缺，缺少保温层，没有采用保温隔热建筑材料，不够节能。据统计，97%以上的农宅围护结构均无保温层，且窗户、屋顶等密封性差。最后，冬季寒冷地区乡村住宅供热设备效率低下，不够节能。超过50%的农户使用地炕和土暖气供暖，这种供暖方式的热效率仅有40%左右。

要把乡居建筑建成节地节能的绿色建筑，可以从以下几个方面入手。

第一，改变体形分散的现状，做到体形适度集中。

第二，改独立式为联立式，减少外墙面积。

第三，采用保温构造。

第四，提高供热设备的效率。

第五，提高容积率。

第六，减小户均用地和建筑面宽，适当增大建筑进深，合理增加建筑层数。

第七，合理规划住宅群，减少村落交通用地。

（四）追随时代的设备设施

住宅的设备设施水平是决定住宅舒适度的重要因素，提升住宅的设备设施水平是建设宽裕型住宅过程中的重要任务。

第一，提高乡村宽裕型住宅的设备标准。要提高用电量和电负荷的标准，扩大电表容量，增加电源插座数量；提供高清电视插口和足够的电话插口；设置空调专用线；提供宽带上网的光纤接口；提升采暖通风设备水平；科学合理地确定用水量，提升给水设备水平。

第二，提高乡村宽裕型住宅的设施标准。主要是提高厨房和卫生间的设施标准。住宅内部的设施水平，直接影响居住水平和舒适度。目前，我国的乡村住宅，普遍存在设施水平不高的问题。例如，厨房和卫生间的设施水平较低，直接影响了乡村居民的生活方式及文明程度。又如，住宅配套的水、电等设备的水平较低，直接拉低了乡村居民的居住水平。再如，北方乡村的采暖设备水平不高，直接影响了居住的舒适度。

（五）科学艺术的室内设计

建筑设计很重要，室内设计也很重要。历史上，许多著名的建筑师，对室内设计乃至家具设计都亲力亲为。但我国的建筑设计，量大，所以精细度不高。在这种情况下，后续的室内设计工作就显得尤为重要。我国城市居民，由于已经具备了较好的经济条件并有较高的居住需求，比较重视住宅的室内设计与装饰。但乡村住宅的室内设计，目前还局限于较为富裕的群体。随着乡村经济的进一步发展，对乡村住宅的室内设计的需求会不断增多，室内设计也将为乡村居住水平的提升做出重大贡献。

过去，乡村住宅很少进行室内设计。乡村住宅面积不小，但在使用上存在许多问题，其中不少问题都与缺乏科学、艺术的室内设计有关。好的住宅设计，应当是非常细致的建筑设计。但是细致的建筑设计并不能取代室内设计。这是一项工程设计的两个阶段。室内设计和建筑设计应该相得益彰，室内设计应该将建筑设计中深度尚且不足的部分加以补足，并最终完成住宅作品。可是，目前我国大部分乡村住宅，连建筑设计的水平都是相对比较低的，室内设计的水平就更低了，或者根本就谈不上有室内设计。随着城市生活水平的提高，城市住宅的室内设计与装修工作已经比较普及，但乡村住宅的室内设计与装修工作则刚刚起步。随着城乡一体化的发展，随着乡村经济水平的提升，我国乡村住宅普及室内设计与装修的时代正在逐步到来。

住宅的室内设计，包括住宅空间分隔、室内硬装、室内软装及陈设设计。所谓空间分隔，即根据每一个单元家庭的具体需要做更为细化的功能性的空间划分。空间的功能确定后再进行相应的功能需求以及墙、顶、地等饰面的硬装设计。之后再进行窗帘等布艺软装的设计。最后根据各家庭成员需要配置家具及饰品等，进行陈设设计。

乡村建筑的室内设计，首先要讲究科学性。这种科学性，是居住建筑科学性的延伸，包括合理的功能、顺畅的线条、合宜的尺度等。这种科学性，还是室内设计自身的合理性，包括功能的再组织，线条的再设计，尺度符合人体工程学的要求，家具及饰品陈设得合理便利，等等。

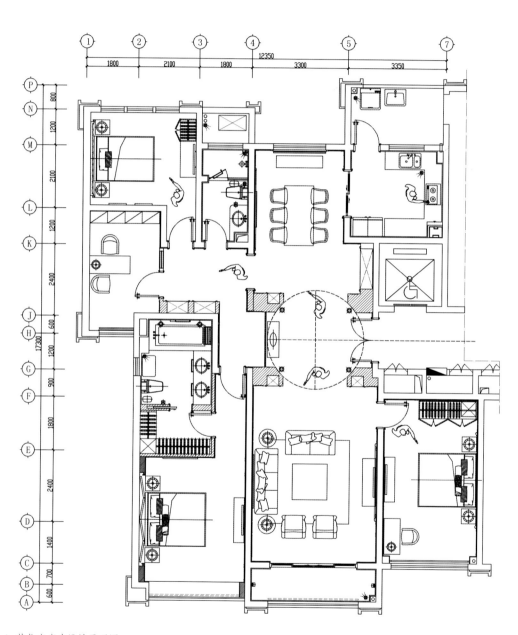

▲ 某住宅室内设计平面图

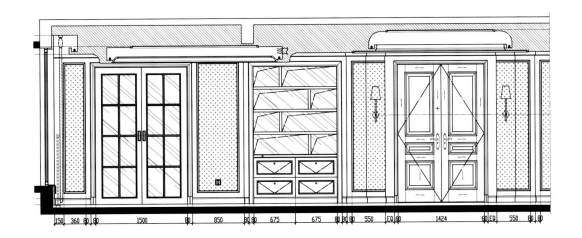

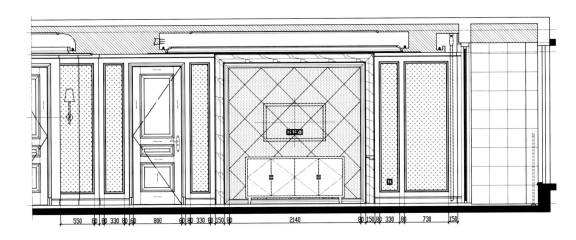

▲ 某住宅室内设计立面图

乡村建筑的室内设计，还要讲究艺术性，也就是符合审美要求。首先，要符合形式美的法则。形式美是美感阐发的重要途径。其次，要符合文化审美的要求。仅有形式美的室内设计往往显得苍白无力，只有注入了文化内涵的美才充满生机与活力。要延续和发展社会主义的乡村文化，并使之在乡村住宅的室内设计中得到体现。

四、制定节地节能建筑方案

节地节能问题，前文已经零散地涉及一些，下文将从建筑设计的角度系统地加以论述。

我国的传统村落，建筑容积率偏低甚至极低，土地浪费严重。建设用地不仅是城市发展的重要战略资源，也是乡村发展的重要战略资源。因此，新农村的居住建筑，必须有一个适当的容积率。容积率适当指既不像城市那样追求过高的容积率，又不像传统村落那样容积率过低。乡村传统村落，由于建筑形态和建筑设备的原因，在整个生命周期中，能源利用效率不高。

解决建筑节地节能问题的办法：适当提高容积率，适当降低体形系数，选用联排、叠拼住宅，合理确定建筑的面宽、进深，积极推进绿色农房建设。

（一）适当提高容积率

地块的面宽与进深，直接影响容积率、建筑密度等与节约土地有关的参数。面宽过窄，则住宅的居住舒适度下降；面宽增加，则总套数减少，进而容积率下降。进深较浅，居住起来比较舒适，但容积率下降；进深增加，容积率增加，但居住起来不舒适。当代乡村住宅，就是要在规划设计当中，寻求适当的面宽与进深，达到既舒适又适度节约土地的目的。采用提高容积率方式节约土地，必须"适度"。因为，过分地追求节地，将使建筑的舒适度大大降低，导致住宅"不宜居"，甚至影响住宅的使用寿命。

前文已经述及，我国乡村住宅的容积率，以控制在 1.00 ~ 1.40 为佳。这比传统住宅有了较大幅度的提高，比城市住宅有了较大幅度的降低，总体上是符合乡村住宅建设的需要的。

（二）适当降低体形系数

中国传统乡村民居的一个重要缺点在于体形分散。体形系数过高，直接影响建筑整个生命周期的节能降耗。在今天我国乡村能源结构发生巨大变化的情况下，改变这种状况显得尤其重要。

在规划设计中，应使建筑体形适当集中，适当减小体形系数。

李玲[①]研究了关中地区乡村住宅，发现关中地区乡村住宅的形式一般都以独立的户为单位，且层数以 1 层居多，建筑面积在 60 ~ 180 平方米之间，其体形系数在 0.58 ~ 0.88 之间。她结合关中地区农民的生产、生活行为及居住方式的实际情况，提出可通过以下方式减小其体形系数：（1）增加建筑物的联列数，将原来的独立式住宅（包括宅基地是联排式，但相邻两家住宅在宅院布置上出现前后错位的住宅）改造为联排式，而且最好是在 6 户以上，以达到 60 米的最佳长度。（2）减小面宽，同时增加房间的进深。该地区住宅的面宽主要受宅基地的影响，所以变化不大，综合考虑影响乡村住宅进深的因素，如采光、日照等，建议乡村住宅的进深为 8 米左右。（3）增加建筑物层数。对于乡村住宅来说，最好建成两层，如果经济条件允许，可建多层。

---

① 李玲. 关中地区乡村换代住宅居住环境研究 [D]. 西安：西安建筑科技大学，2007：5.

　　孙澄、董琪[①]研究了东北地区乡村住宅设计适宜性节能技术策略，提出要适当降低乡村住宅的体形系数：体形系数是影响建筑能耗的重要因素，与建筑能耗的增加呈线性关系。乡村住宅体形系数每增加 0.01，能耗增加 2.4%～2.8%；每减少 0.01，能耗减少 2.3%～3%。当前东北地区乡村住宅 90% 左右为 1 层独立住宅，体形系数在 0.8 以上，是同气候区城市住宅规范限值的 1.6 倍。

　　体形系数定义为建筑物与室外大气接触的外表面积与其所包围的体积之比，即单位建筑体积所占有的外表面积，外表面积中不包括地面面积。从降低建筑能耗的角度出发，应该将体形系数控制在一个较低的水平上。有关研究表明，当建筑物的体形系数为 0.15 时最为节能。但是，体形系数不仅影响外围护结构的传热损失，还与建筑造型、平面布局、采光通风等紧密相关。体形系数过小，将制约建筑师的创造性，使建筑造型呆板，平面布局困难，甚至损害建筑的功能。

　　因此，综合考虑多方面的要求，《夏热冬冷地区居住建筑节能设计标准》（JGJ134-2010）第 4.0.3 条规定：建筑物层数 3 层及以下的，建筑物体形系数不应超过 0.55；建筑物层数 4 至 11 层的，建筑物体形系数不应超过 0.4；建筑物层数 12 层及以上的，建筑物体形系数不应超过 0.35。

　　传统民居的建筑体形相对比较小，且一座建筑由多个单体建筑组合而成，布局相对比较分散，建筑体形系数很大，不利于在采暖和使用空调的过程中节能。这种建筑形态，无形中增大了建筑整个生命周期的能耗，使建筑达不到生态要求。

---

① 孙澄，董琪. 东北地区农村住宅设计适宜性节能技术策略研究 [J]. 建筑学报，2016，12（15）：72-77.

针对现代农民生产生活的变化，在继承传统平面功能的基础上，合理扩大进深，采用多户联排，形成紧凑型平面布局，并减少相应的凹凸变化，可有效降低体形系数。当然，乡村住宅不是城市的高层建筑，主要是低层或 4 层的多层建筑，体形系数不可能很低。但是，要坚决把过去传统民居过高的体形系数降下来。

中国传统住宅是围绕院落布局的，院落的周围是一圈内向的房间。现代住宅恰恰相反，往往围绕楼道或楼梯间布置外向的房间。现代住宅的体形系数相对合理。所以，除了受到保护的传统村落外，大量新村的规划设计，都应该由传统住宅向现代住宅转变。这一转变带来的一个直接成果就是住宅的体形系数降下来了，住宅更加节能了。

无论是独栋、双拼还是联排住宅，都比合院式住宅保温节能，而其中，联排住宅又是最保温节能的。因此，由这些现代住宅类型替代传统乡村住宅类型，应该是今后乡村住宅发展的大方向。除了整体受到保护的典型地域传统村落外，大量普通村落，其建筑形式必将为这些更加现代化、更加科学合理的建筑形式所替代。未来乡村住宅的体形系数，应当控制在 0.5 ～ 0.6。相对于一般的城市住宅，这样的体形系数还是偏高的，但作为不带电梯的乡村住宅，这样的体形系数节能和节地效果相当明显。

（三）选用联排、叠拼住宅

韩昊辰[1] 研究了居住密度问题，经过他的测算，在满足一定的同样日照、间距等条件下，在 45 米 ×222 米的一公顷土地上，3 层独户式联排住宅可以建设 120 户；3 层背靠背式联排住宅可以建设 144 户；4 层叠拼式联排住宅可以建设 216 户；6 层单元式行列式住宅可

① 韩昊辰. 小面宽大进深联排住宅研究 [D]. 昆明：昆明理工大学，2007（10）：20-21.

以建设 252 户；18 层单元式行列式住宅可以建设 324 户。可以看出，就联排住宅而言，3 层独户式联排住宅的节地效果很明显；3 层背靠背式联排住宅的节地效果更明显，但是背靠背式联排住宅在日照上不适合我国国情；而 4 层叠拼式联排住宅的节地效果最明显。在我国乡村联排住宅中，3 层独户式联排住宅和 4 层叠拼式联排住宅都可作为备选建筑方案。

建议在未来的 20 ~ 30 年，在我国乡村集中成片适度规模开发联排或叠拼住宅，用以满足乡村居民提高居住水平的需要，用以满足乡村建设用地减量发展的需要，用以满足乡村居住建筑节能的需要，用以满足乡村振兴中住宅建设的需要。

城市多层住宅建 6 ~ 7 层，不设电梯，这在过去经济发展水平较低的时候是可以的，也是这么做的，但是，随着经济发展水平的提高，人们对生活质量的要求也提高了，加之人口老龄化问题日益突出，当时建设的那些 6 ~ 7 层不带电梯的住宅就面临加装电梯的问题。乡村住宅的发展，应当汲取城市住宅发展的经验和教训，在比较高的起点上谋求发展。

乡村住宅，以层数控制在 3 ~ 4 层为佳。3 ~ 4 层的住宅，不配备电梯，居住起来尚算便利。3 ~ 4 层的层数就决定了，容积率不可能很高，也不会很低。住宅形式的选择，对容积率和节约用地影响很大。如果还搞过去的合院式住宅，容积率就很难有较大幅度的提高。搞独栋或双拼住宅，土地的集约程度也不高。由此可见，联排住宅和叠拼住宅，既比较适合中国乡村现阶段的经济发展水平，也比较符合中国当代乡村住宅建设的需要。

另外，联排住宅和叠拼住宅的外墙面积明显小于同等居住水平的独立式住宅，节能效果明显。

采用联排住宅和叠拼住宅好处很多，主要有以下五点：可以适度节地节能；适于适度规模的开发建设；有较高的居住舒适性；符合现代生活的需要；可以满足乡村居住现代化的要求。

（四）合理确定建筑面宽、进深

面宽是一个重要指标。独栋别墅面宽至少要 10 米左右，而联排住宅（连栋别墅）面宽最小甚至可以做到 4.2 米。当然，4.2 米面宽的联排住宅，居住的舒适度相对较低。但是，如果联排住宅的单户面宽做到 6 ～ 8 米，就会相当舒适。所以，面宽的设定，要求我们在舒适与经济之间寻求一种平衡。

进深也是一个重要指标。一般乡村住宅，以 3 间进深为宜，既节约用地，又不过分影响舒适度。3 间进深，进深为 12 ～ 14 米。传统乡居建筑浪费土地的一个重要原因，往往在于只有 1 间进深。进深过小，导致面宽过大，进而导致土地的浪费。3 间进深的联排住宅意味着会出现暗房间，但是楼梯间和卫生间布置在暗房间，对居住舒适度的影响较小。除了过分潮湿的地区卫生间不宜做成暗房间外，其他地区都可以接受暗卫，所以 3 间进深的格局是适应大部分地区气候条件的。这样算来，联排住宅的居住建筑占地（6 ～ 8）米 ×（12 ～ 14）米，总占地面积为 72 ～ 120 平方米。而且，这个总占地面积，还可以包括村落交通面积。

总之，相对于独栋和双拼住宅，联排住宅的节地与节能效果都很明显。因此，应当把发展联排住宅作为我国乡村住宅的主要方向——既有较好的舒适度，又有较好的节地节能效果。

（五）积极推进绿色农房建设

为了有效推进绿色农房建设，应加强乡村村庄建设整体规划管理，制定村镇绿色生态发展指导意见，编制乡村住宅绿色建设和改造推广图集、村镇绿色建筑技术指南，免费提供技术服务，还应大力推广太阳能利用、围护结构保温隔热、省柴节煤灶、节能炕等农房节能技术，发展大中型沼气，加强运行管理和维护服务，科学地引导农房执行建筑节能标准。

第五节　适度集约规模建设

过去，统一建设是城市住宅开发的主要建设模式。随着乡村农民对住宅要求的提高，统一建设也应逐步成为乡村住宅建设的主体，因为"适度集约规模建设"能够改变各农户零散建设过程中单方造价高、能耗高、规划设计不合理等问题。有鉴于此，未来的乡村住宅建设，应主要采取"适度集约规模建设"模式。

随着乡村的发展，经济水平的提高，我国一些发达地区的乡村在建设上进行了相对集中的探索。例如，上海市政府 2005 年提出了四级城镇规划体系的初步设想，进一步明确了郊区实现"城乡一体化，乡村城镇化，农业现代化，农民市民化"构想的途径。未来，中心村将成为农民集中建房的主要载体，成为农民未来居住的基本单位，个人自建住宅由于自发性和随意性较强，占地较多，将受到一定限制[1]。

---

① 邱川.上海郊区农民集中建房住宅设计研究 [D].上海：同济大学，2006：3.

一、提高乡村建设水平

乡村住宅是分散与集中的结合点。说它分散，是因为它相对于城市而言密度低，较为分散。说它集中，是因为它是在千百年间逐渐聚集形成的相对集中的居住状态。因此，它既有分散的某些特质，又有集中的某种形态。乡村的建设，自古以来都处于一种自发状态，在开发建设上比较零碎分散。零碎分散的乡村住宅用地及零碎分散的乡村住宅建设，都存在诸多缺点。

改变乡村居民建房各自为政、零碎分散的状况，有利于提高乡村住宅的建设水平。应该做到以下四个方面：提高规划设计水平；形成良好的村庄形态；提高乡村的建筑质量；节约资源。

1. 提高规划设计水平

过去，规划设计资源更多地向城市倾斜，今后，应当改变这种状况。要下力气研究乡村的规划设计，研究这种规划设计的个性与共性，研究适合乡村的既经济又实用的建筑体系。要逐渐把乡村的规划设计水平提起来，使之适应乡村发展和建设的需要。

第一，重视乡村规划设计工作。要改变乡村规划设计可有可无，村民建房全靠工匠心口相传的情况。要把现代科学的规划设计体系引入到乡村建设中来，高度重视乡村建设中的规划设计工作。

第二，在规划设计中突出乡村特色。怎样突出乡村特色？就是在规划设计的整个过程中，实事求是，一切从乡村的实际出发，坚持问题导向，规划设计首先以解决问题为出发点。要想突出乡村特色，就要深入研究城市和乡村的异同，把乡村规划设计建立在乡村发展需要的基础上。突出乡村特色，不是简单地否定城市规划设计的方式、理念，而是更多更好地吸收城市规划设计的营养，为乡村规划设计所用。

第三，借鉴国内外优秀的乡村规划设计成果。我国的乡村发展，比起发达国家，要落后几十年甚至上百年，在短短的几十年中，要赶超发达国家，实现乡村的现代化，就必须向发达国家学习先进的发展经验，特别是借鉴国外优秀的城乡规划设计成果。与此同时，国内一些沿海发达地区的乡村，已经率先实现了现代化，欠发达地区的乡村规划设计，也应学习这些优秀的乡村规划设计成果。总之，要善于借鉴与吸收国内外优秀的乡村规划设计成果，为新时代乡村的发展建设服务。

第四，让规划和设计落地。规划和设计要接地气，能落地，核心就是要符合实际。规划师与设计师必须充分研究乡村发展建设中的主要矛盾、主要问题，抓住主要矛盾，解决主要问题。要到乡村居民之中，体验他们的生活，想他们所想，急他们所急，在充分调查研究的基础上，编制出一份切合实际、科学合理、符合乡村居民意愿的规划设计方案来。但这还不够，还必须有一套保证该规划设计方案贯彻实施的有力措施，让规划设计方案落地。

2.形成良好的村庄形态

对乡村的平面形态和肌理，要有深入的把控。适度集约规模建设，就为这种宏观的把控提供了可能性。

这里不是说自然生长出来的村庄形态就不是良好的村庄形态。许多自然生长的村庄，也具有良好甚至完美的形态。但是对于大多数村庄来说，人为的科学合理的规划设计，能够更快速、更经济地带来良好的村庄形态。良好的村庄形态包括两方面的内涵：一是具有科学性，经济而集约；二是具有美学价值，空间环境和建筑具有美感。

适度集约规模建设，带来了科学合理的规划设计，带来了富有美感的规划设计，也带来了良好的村庄和村落建筑形态。

规划师和设计师要以追求真为己任，把科学合理的规划设计奉献给乡村；规划师和设计师要以追求善为己任，把妥善解决村民的需要放在首位；规划师和设计师还要以追求美为己任，追求村庄的完美形态，追求村庄的完美空间，追求村庄的完美建筑。

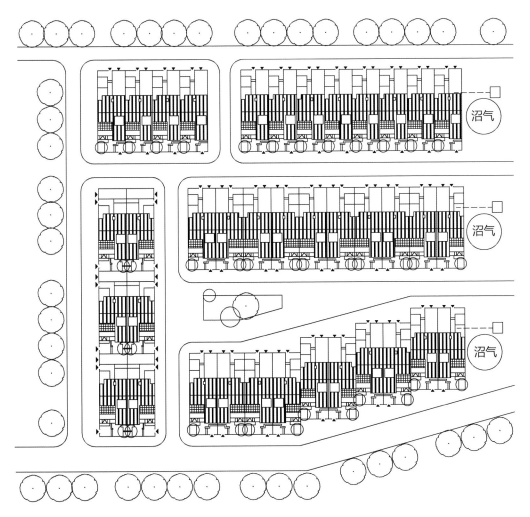

▲ 某乡村住宅设计竞赛中的总平面方案

3.提高乡村的建筑质量

分散零碎的乡村住宅建设直接导致建筑的质量不高。建筑质量不高的主要原因：一是建筑材料质量缺乏保障；二是工程建设缺乏监理；三是工匠缺乏系统的培训，水平不高。

第一，建筑材料质量缺乏保障。分散零碎的乡村住宅建设，其建筑材料无论是来于自购，还是来于施工队承包，质量都难以得到应有的保障。

第二，工程建设缺乏监理。农民自建或请施工队建设住宅，不像城市住宅建设那样，有较为完备的施工、监理和质量保证体系。工程建设缺乏监理的结果是，建筑质量不易控制，良莠不齐，甚至影响居住的安全性和住宅的使用寿命。

第三，工匠缺乏系统的培训，水平不高。乡村工匠，多数都是师傅带徒弟，一代代传帮带，以经验教学为主，缺乏系统的培训，水平不高。

适度集约规模开发，能够较好地解决上述问题：一是有效把控建筑材料质量；二是有效实现工程监理；三是提高工匠的施工水平。

4.节约资源

分散建筑导致资源浪费。一方面，建筑大量小、散的垂直分户住宅，增加了大量的墙体面积，浪费了大量的建筑材料，导致住宅造价上升，给资源造成极大浪费。据调查，分散零碎的开发建设，比起集中开发建设，在同样的建筑面积和质量标准下，至少需要多投入15% ~ 30%的费用，浪费十分惊人。另一方面，由于建筑物较为分散，造成在整个住宅的生命周期内，能源大量浪费。

村落不够集中，有其历史和现实根源。究其本源，还是住宅建设不够集中。住宅建设不够集中，今天建一栋，明天建一栋，造成的结果是建筑物比较分散，导致村落比较分散。住宅建设不够集中的建设体制，导致整个村落缺少统一的规划设计，缺少统一的规划设计，导致村落在建设过程中缺少总体控制，缺少总体控制导致村落凌乱，缺乏秩序，不够集中。另外，即使有了良好的规划设计但没有集中实施，还是会造成村落不够集中，造成土地的浪费和基础设施投入的增加。

二、促进建筑业转型

不管承认与否，我国建筑业已经进入了转型期。

随着城市居住水平的提高，许多城市的住宅建设已经逐步饱和，未来相当多的城市住宅建设，已经不再是激进的大拆大建，而是温和的城市更新。建筑业往哪里去？它面临抉择。一个重要的出路，就是逐步参与乡村建设。如果能够在全国形成适度集中建设的乡村住宅建设模式，将对我国建筑业产生深远的影响。

集中的适度规模建设带来了诸多好处，其中重要的一个，就是为建筑业提供了新的相对稳定而广阔的市场。而我国的建筑业，也要适应这种市场的变化，主动而积极地转型。

第六节　乡村联排住宅若干思考

本书不是专门论述建筑设计的，所以对联排和叠拼住宅不做深入的探讨，但还是梳理出若干思考，供相关建筑设计人员参考。

一、合理安排住宅平面

合理安排住宅平面是解决住宅使用功能的核心问题。应该先研究

一层平面。要根据土地的情况合理确定住宅的面宽和进深，合理确定楼梯间的位置和形式，合理分隔一层的房间。在一层平面布局确定之后，再逐层确定二、三层平面布局。

（一）合理确定每户面宽和进深

从当前我国乡村住宅的实际情况看，不宜搞面宽过小的联排住宅。而从节约用地的角度考虑，除了人口较多的住户可以适当增加面宽外，一般住户不宜面宽过大。总体上，5400～7200mm 的面宽是较为恰当的。虽然低于 5400mm 的面宽，如 4500mm 甚至 4200mm 的面宽，也能做联排住宅，但将导致客厅面宽过窄，舒适度大大降低。当有老人需要居住在一层南向居室时，面宽放到 7800～8400 mm 也可以，7800～8400mm 的面宽，就意味着一层可以在有比较宽敞的南向客厅的同时，还能保留一间南向的老人居室。当采用 5400～5700mm 的面宽时，二、三层可以各布置一间较为宽敞的居室。当采用 6000～8100mm 的面宽时，二层可以布置两间南向居室，采用隔墙分隔，三层可以布置一间大面宽、高舒适度的南向居室。从目前的情况看，这样的设计可以提高住宅的适应性和可变性，为未来可能的改造留余地。

面宽确定后，可以研究进深问题。从节地节能的角度看，房间的进深应大于面宽。房间的进深为面宽的 2 倍较为合适。进深过小，不够经济；进深过大，会给使用带来困难。决定联排住宅总进深的重要因素是进深的间数。一般联排住宅的进深以 3～4 间为宜。2 间进深的，虽然舒适度高，但是节地节能效果不明显。4 间进深的，虽然节地节能效果明显，但是舒适度明显下降，因为为了满足房间的采光通风需要，必须在建筑平面上开槽，造成房间的采光通风水平下降。3

间进深的，可以把楼梯间和卫生间放在第 2 间，它们对采光要求不高。而且，在第 2 间布置楼梯，使楼梯位于住宅的核心部位，可以节约交通面积，使住宅平面更加紧凑。这样一来，3 间进深的住宅，总进深在 12 ~ 15 米，基本合理。

（二）确定楼梯间位置

楼梯的位置很重要。3 间进深的联排住宅，楼梯一般位于第 2 间，这样，可以较好地利用建筑的暗空间作为楼梯间，比较经济，且利于增大住宅的进深，节约土地和能源。楼梯既可以做成双跑楼梯，也可以做成三跑楼梯。双跑楼梯占用面积较小，比较经济，但不如三跑楼梯富于空间变化，也不如三跑楼梯美观。楼梯的宽度不应按照别墅内部楼梯的宽度低限 750mm 设置，宜在此基础上适当放宽，以便于使用。楼梯踏步不宜过高，考虑到老龄社会的到来，楼梯踏步的高度以控制在 175mm 以内为佳。楼内应当预留安装电梯的位置，为未来的发展留余地。

（三）完成平面布置

确定了楼梯的位置后即可分隔一层的房间，进而完成二、三层平面的布置。房间应尽量围绕楼梯布置，以减少交通面积，提高住宅的经济性。当然，这里的减少交通面积是相对的，不是绝对的。减少交通面积的前提是保证舒适性。

下面是面宽即开间从 4800mm 到 7800mm 的不同类型的典型联排住宅设计方案，设计者尽量考虑了节地节能、降低造价和提高舒适性等问题。

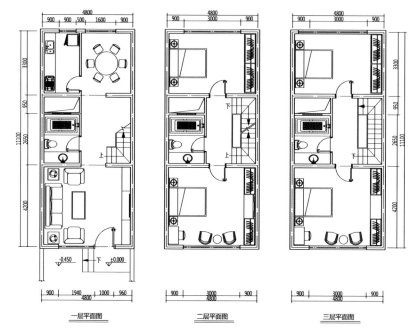

▲ 开间 4800mm 的三层联排住宅方案（建筑面积约 164m²，四室两厅三卫）

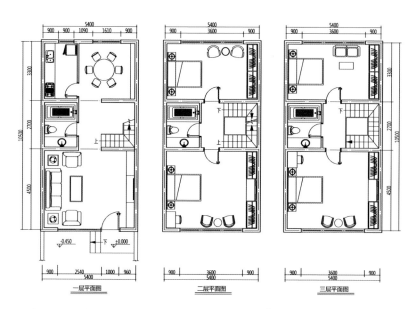

▲ 开间 5400mm 的三层联排住宅方案（建筑面积约 171m²，四室两厅三卫）

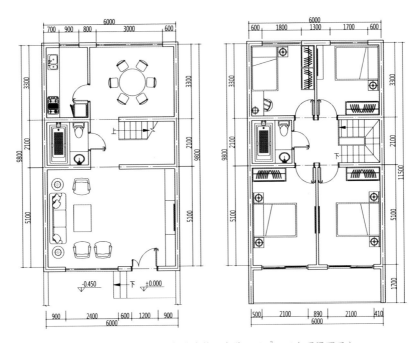

▲ 开间 6000mm 的两层联排住宅方案（建筑面积约 130m²，四室两厅两卫）

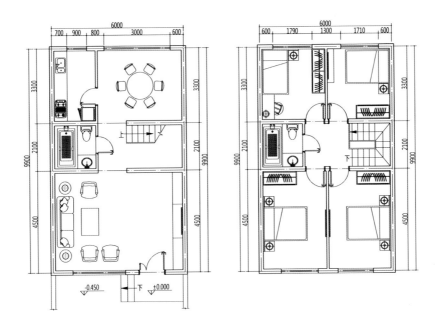

▲ 开间 6000mm 的两层联排住宅方案（建筑面积约 120m²，四室两厅两卫）

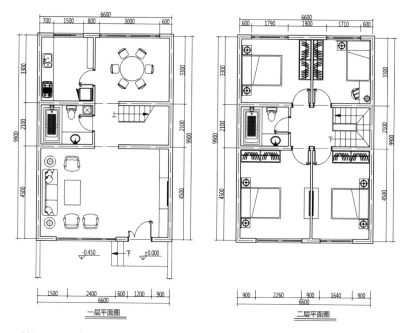

一层平面图　　　　　　二层平面图

▲ 开间 6600mm 的两层联排住宅方案（建筑面积约 135m², 四室两厅两卫）

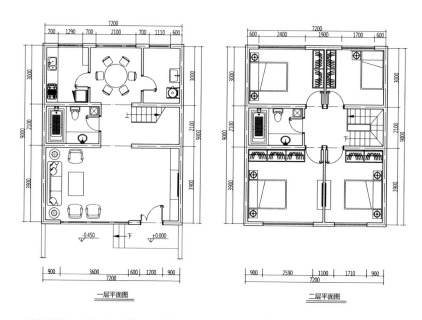

一层平面图　　　　　　二层平面图

▲ 开间 7200mm 的两层联排住宅方案（建筑面积约 136m², 四室两厅两卫一储藏室）

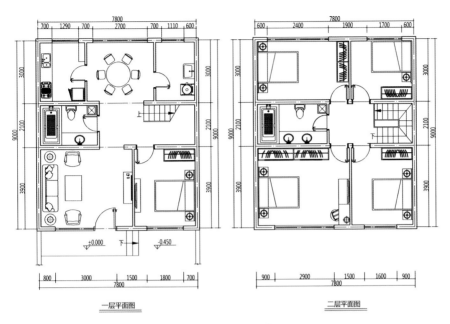

一层平面图　　　　　　　　　　二层平面图

▲ 开间 7800mm 的两层联排住宅方案（建筑面积约 154m^2，五室两厅两卫一储藏室）

二、细致拼接住栋联立

住栋联立，顾名思义，就是把垂直分户的居住单元连接起来。

由于我国一些地区气候的原因，居民对南向居住空间有较为强烈的要求，所以不能简单地反对规整的行列式布局。有人把规整的行列式布局称作"兵营式布局"并加以反对，有一定的道理，却有些偏颇。"兵营式布局"变化较少，空间单一是其缺点。但好处是均好性较高，集约度高，每户居民都能获得舒适的南向居住空间，而且利于组织交通。在"兵营式布局"的基础上稍加变化，其实也能够获得丰富的居住外部空间。

因此，我国乡村联排住宅住栋的拼接联立，不应过分强调变化，而应以节地和均好性为主。

▲ 奥地利的联排住宅立面（资料来源：《半独立式及联排住宅》）

▼ 某联排住宅的立面

▲ 德国慕尼黑某联排住宅立面（资料来源：《半独立式及联排住宅》）

如果在南北向的住宅中加入东西向单元，变化是变化了，但是东西向的那几套，一般比较难以为住户所欢迎。当然，如果地形有变化，自然产生出东西向的住宅，那就另当别论了。

三、构成建筑立面特色

建筑的立面设计是一个大问题。一些人既要继承传统，又要提炼地域符号，总之，非要把本来简单的问题复杂化，好像没有清朝那一条大辫子的影子，就没有继承好"优秀的"传统建筑文化似的。

现代建筑就是现代建筑，经济、适用、美观就可以了。萨伏伊别墅究竟继承了西方古代建筑的哪些优秀传统，提炼了古代建筑的什么符号？说得清楚吗？可是，我们今天不又把萨伏伊别墅作为顶礼膜拜的对象了吗？

日本鹿屋市的某联排住宅立面（资料来源：《半独立式及联排住宅》）

对于乡村住宅，首先要经济适用，造价低比什么都重要。当然，这个造价低不是牺牲质量的造价低，而是造价低，质量高，还适用。美观，不等于提炼了传统符号才是美观，符合现代人审美需要就行了。如果再能适当提炼符号，那当然更好了。

既要承认乡村住宅与城市住宅存在的差异，又要认识到乡村住宅与城市住宅的共性。城镇化有两个方向：一是乡下人到城里居住生活；二是乡村就地城镇化，也就是乡下人在乡村过上城里人的生活。后者就要求，乡村住宅与城市住宅存在大量的共性。所以在立面设计上，甚至是整个住宅设计上，不要担心搞得像城里的房子，像城里的房子就对了。既像又不像城里住宅才是乡村住宅的最高境界——城里住宅的舒适度在乡村能够享受到，乡村生活的特点和特殊性也能有所照应。

四、联排住宅的适应性和可变性

住宅的适应性和可变性，是关系住宅在全生命周期合理使用的关键问题。在联排住宅的设计中，如何增强适应性和可变性，是设计者必须深入思考的问题。

（一）科学合理的结构选型

结构对空间的适应性和可变性影响极大。砖混结构、钢混框架结构、钢混墙体承重结构都能获得比较大的空间。其中，尤以钢混框架结构所获得空间的灵活性、可变性和适应性最好。短肢剪力墙的适应性也不错。结构选型，在主要考虑安全性的同时，还要考虑灵活性、可变性和适应性，以及造价上的经济性。随着人工成本的提高，结构成本在住宅造价中的比重呈下降趋势，这就为较高层次的结构选型创造了条件。

▲ 像城里住宅的联排住宅立面

▼ 德国建筑大师密斯的现代建筑

▲ 美国建筑师赖特设计的草原住宅

▼ 美国建筑设计师迈耶的住宅作品

（二）科学合理的住宅设计

要采取大开间、多隔墙设计。大开间、多隔墙设计就是灵活的设计。开间大，可变化的余地就大。在大开间的基础上多采用隔墙，科学合理地减少承重墙，可以为住宅未来的改造提供良好的前景。

管线在住宅中应当集中布置，为未来的改造创造条件。

（三）可变性方案设计

在方案设计的初期就应当考虑方案的可变性。在保留结构部分的前提下，应当做出多个住宅空间分隔的适应性方案，为乡村住宅提供可变性设计。适应性应当成为比较乡村住宅设计方案优劣的重要因素，因为适应性强就是为延长住宅的使用寿命、适应家庭成员变化预置了前提，创造了条件。

第二章

基础设施与社会事业

　　乡村基础设施是为乡村各项事业的发展及农民生活的改善提供公共产品和公共服务的各种设施的总称。如果按照服务的性质划分，乡村基础设施可以分为生产性基础设施、生活性基础设施及流通性基础设施三大类。

　　生产性基础设施：主要包括防洪涝、水利灌溉、田间道路、气象、农业机械、生产用电等为农业生产服务的设施或设备，是为乡村增加物质资本、提高生产力服务的设施。

　　生活性基础设施：主要包括乡村生活用电、垃圾处理、污水处理、人畜饮水、生活供热等设施，是为广大乡村居民生活提供服务的设施。

　　流通性基础设施：主要包括乡村道路、乡村通信、用于农产品销售及乡村生产资料购买的流通辅助设施等，是为广大乡村居民在流通领域提供服务的设施。

　　长期以来，农业农村基础设施建设和公共服务对乡村经济社会发展产生了巨大的促进作用，是推动农业农村发展的引擎。《乡村振兴战略规划（2018—2022年）》（简称《规划》）将农业农村基础设施建设和公共服务供给摆在了突出的地位，充分体现了党和国家对农业农村基础设施建设和公共服务提升的高度重视。

乡居革命

第一，农业农村基础设施建设和公共服务是促进产业兴旺的基本要素。乡村基础设施建设、公共服务体系建设、科技创新推广、人才是引导现代农业产业园、特色农产品优势区、农产品加工区等载体中产业集聚发展的基本要素，也是推动产业融合发展的重要条件。

第二，农业农村基础设施建设和公共服务是美丽乡村建设的重要平台。建设生态宜居的美丽乡村，不是简单地建设村庄房屋，而是既需要加强硬件设施建设，也需要改善和提升软件条件；既要美化乡村生态环境，也要加强乡村路、水、电、气、网等基础设施建设，从而提高农村公共服务供给的整体水平。

第三，农业农村基础设施建设和公共服务是乡风文明建设的阵地保障。乡风文明建设迫切需要大力发展乡村公共事业，加快发展乡村文化教育事业，加强乡村公共卫生、基本医疗服务、社会养老保障建设，从而塑造良好和谐的乡风民俗。

第四，农业农村基础设施建设和公共服务是治理有效的坚实基础。建设服务型政府，必然要求强化政府的公共服务职能，既要完善基层治理基础设施，更要促进县乡级服务功能向乡村延伸，为乡村治理提供坚实的基础。

第五，农业农村基础设施建设和公共服务是生活富裕的动力来源。"小康不小康，关键看老乡。""生活富裕"在本质上是要增加农民的收入，让农民富起来，这就需要为农民修好进村的路，搭好创业就业平台，做好现代科技服务，提供农业技术培训等，广开农民致富财源，形成促进农民增收的长效机制。当前，与全面实现农业农村现代化要求相比，乡村基础设施供给与现代农业发展需求不匹配，公共服务供给不能满足农民的美好生活需要。《规划》提出：继续把基础设施建设重点放在乡村，持续加大投入力度，加快补齐乡村基础设施短板，促进城乡基础设施互联互通，推动乡村基础设施提档升级；继续把国家社会事业的发展重点放在乡村，促进公共教育、医疗卫生、社会保障等公共服务向乡村倾斜，初步建立健全全民覆盖、普惠共享、城乡一体的公共服务体系，推进城乡基本公共服务均等化。可以看出，解决好基础设施建设和公共服务供给问题将是实施乡村振兴战略规划的重点问题。①

第一节　基础设施主要问题

乡村基础设施包括交通基础设施、能源基础设施、水务基础设施、垃圾处理基础设施。经过了大规模的新乡村建设，我国的乡村基础设施已经得到了很大改善，但是，与城市比较，仍然存在很多问题，尤其是生活基础设施亟待完善与提升。

一、交通基础设施

近年来，交通运输行业致力于把乡村公路建好、管好、护好、运营好，加快推进乡村公路建、管、护、运协调发展，不断提升乡村交通服务保障水平。但是，交通基础设施仍然存在较多问题：一是乡村公路网初步建立，但水平不高，道路宽度不能完全满足交通的需要，需要进一步提级改造；二是在村外公路与村内道路的衔接上，仍然需要进一步提升；三是乡村公路的管理维护任务繁重，需要持续投入；四是村庄内部道路硬化基本完成，但水平不高，还需要进一步提升；

---

① 刘振中. 基础设施建设和公共服务供给是乡村振兴强力支撑. http://www.farmer. com.cn/zt2018/zxgh/zjjd/201811/t20181109_1415691.html.

五是村庄静态交通问题尚未提上日程，村庄停车位严重不足，它将成为未来村庄建设的一个瓶颈。

二、能源基础设施

经过多年的努力，我国乡村能源基础设施建设取得了举世瞩目的成就，但也存在许多短板：一是乡村能源消费在全国总能源消费中的占比偏低，只占 25% 左右；二是电能消费在乡村能源消费中占比偏低；三是由于北方采暖的需要，煤炭在乡村能源消费中的占比偏高，对环境的影响较大；四是可再生能源的利用存在短板。

三、水务基础设施

近年来，饮用水安全工程建设和乡村厕所革命都取得了较大的成就，但是，乡村水务设施还存在许多不足。一是饮用水安全系数不高，需要进一步提高。由于乡村排水设施不够健全，排出的污水直接威胁饮用水水源的安全。二是厕所革命还需进一步推进。尽管已经投入了大量的资金推进乡村厕所革命，但还有不少乡村的农民没有用上卫生的厕所。三是乡村排水工程建设还未铺开，乡村排水管网存在短板。四是乡村污水处理工作有待进一步展开。

四、垃圾处理基础设施

乡村垃圾处理还存在以下不足：一是资金投入明显不足；二是垃圾处理覆盖率偏低，管理监督机制较弱；三是收运和处理设施落后，技术含量低；四是垃圾分类推行不到位。

第二节 完善乡村基础设施

完善乡村基础设施需要从完善交通基础设施、完善能源基础设施、完善水务基础设施、完善垃圾处理基础设施四个方面入手。

一、完善交通基础设施

乡村地区的交通运输发展事关农业发展、乡村兴旺、农民致富，是保障乡村美好生活的重要方面。当前乡村交通基础设施和运输服务的短板依然明显，交通运输在服务和支撑乡村振兴战略实施中大有可为。要统筹做好交通运输服务于乡村振兴战略实施、交通扶贫脱贫攻坚、"四好农村路"建设等工作，加快补齐乡村交通基础设施短板，推进乡村交通基础设施提档升级，促进城乡交通基础设施互联互通，为实施乡村振兴战略做好服务，提供支撑，当好先行。

第一，优化乡村交通运输网络结构。乡村公路通达深度不足，区域发展不平衡，以及乡村物流站点覆盖率低，村级邮政寄递网络不完善等问题依然较为突出。全国还有一些建制村不通客车，乡村客运经营管理模式滞后，集约化程度低，部分地区乡村客运班线"开得通，留不住"问题突出。

第二，进一步做好村内村外道路的衔接工作，做到内外贯通。要梳理乡村内部道路，做好内部道路与外部路网的衔接工作，使乡村路网内通外达。

第三，健全乡村公路养护管理长效机制。乡村公路"重建轻养"问题依然存在，养护投入严重不足。按十年一个周期测算，约有100

万公里的乡村公路需要大中修，占总里程的四分之一。

第四，提高村庄内部道路硬化水平。乡村内部道路硬化水平不高，要整理内部道路中的断头路，解决道路断面过窄等问题。

第五，将村庄静态交通问题提上日程。要切实搞好当前和未来村庄停车设施建设，未雨绸缪，解决好村庄停车问题。

二、完善能源基础设施

要着力加快农村能源结构升级，完善农村能源基础设施建设，筑牢乡村振兴之基。

（一）提升乡村能源消费在全国总能源消费中的占比

我国乡村有着广大数量的人口，有着经济发展的巨大潜能，因此，不断提高乡村能源消费总量的占比，既是乡村进一步发展的需要，又有着巨大的潜能。应当争取在我国全面实现现代化的时候，乡村能源消费量占全国能源消费量的三分之一左右。

目前，乡村能源消费约占城乡能源消费总量的五分之一，占比偏低。这主要是由农民收入明显低于城市居民收入引起的。家庭收入是影响乡村能源消费的重要因素。首先，农户收入高，对能源的舒适度、便利性、卫生性等的要求就高，而收入低者则会更多地选择经济适用的能源；其次，农户收入高，就具备了承担成本较高的清洁能源的消费能力，使用清洁能源的可能性较大，而收入低者则缺乏这个能力，使用清洁能源的可能性较小。能源消费成本是影响乡村能源消费结构变化的一个重要因素。

总体上，在提高农民收入的过程中，要切实改善乡村能源消费，提高乡村能源消费在总能源消费中的占比，力争使之达到或接近三分之一。

（二）提高电能消费在整个乡村能源消费中的占比

要完善乡村能源基础设施网络，加快新一轮乡村电网升级改造。要推进乡村能源消费升级，大幅提高电能消费在乡村能源消费中的比重。

国际能源署（IEA）研究表明，提高电气化水平是全球能源系统发展的驱动力。世界电力增长超过所有其他终端能源品种，过去30多年，电能占终端能源消费比重从9%提高到17%，2050年前将提升至25%以上，还有很大提升空间。提高电气化水平需要在供给侧和消费侧进行彻底变革，在供应侧提高可再生能源比重，在消费侧通过热泵推动建筑物用能，实现以电代气，发展电动交通，实现以电代油等，提高电力在终端能源消费的比重。①

1. 为什么要提高乡村电能在总能源中的比重

第一，乡村电能是能源生产与消费革命的重要组成部分。要在乡村能源消费革命中抑制不合理的乡村能源消费，建立以电能为中心的清洁、低碳、安全、高效的乡村能源供应体系，发展乡村电能和可再生能源技术，带动产业升级，推动我国能源革命。

第二，乡村电能发展是推进生态文明建设的重要手段。电能是重要的清洁能源，但在我国，散煤的使用量大。散煤煤质差，燃烧后造成大气严重污染和雾霾天气频频出现。据估计，我国乡村每年生活燃煤约2.2亿吨，主要用于采暖和炊事，其中冬季采暖散烧煤约2亿吨。要逐步解决农村采暖中的散煤替代问题，在政策上要助力推进煤改电，以利于改善大气环境。

第三，乡村电能是乡村振兴战略和推进城乡融合发展的重要依

---

① 世界及主要国家电能占终端能源消费比重（数据）.http://shupeidian.bjx.com.cn/html/20141009/552506-2.shtml.

托。城乡一体化、城乡融合发展，一个重要的方面就是使乡村居民过上现代化的生活。提高电气化水平是现代化生活的重要内容。同时，乡村产业振兴也要求提高电气化水平。

2. 怎样提高电能在终端能源中的占比

第一，进一步强化乡村电网建设。到 2020 年，全国乡村地区基本实现稳定可靠的供电服务全覆盖，供电能力和服务水平明显提升，乡村电网供电可靠率达到 99.8%，综合电压合格率达到 97.9%，户均配电容量不低于 2 千伏安，建成结构合理、技术先进、安全可靠、智能高效的现代乡村电网，电能在乡村家庭能源消费中的比重大幅提高。

第二，构建以电为中心的乡村现代能源体系。构建以电为中心的乡村现代能源体系，可以有效改善乡村的生产生活条件，推动乡村产业的转型升级，是实现乡村振兴，促进生态建设的需要。电能是清洁、高效、便捷的二次能源，终端利用效率高达 90% 以上；电能占终端能源消费比重提升一个百分点，单位 GDP 能耗可下降 4% 左右。

2000 年以来，我国电能占终端能源消费的比重由 14.8% 提高到近 24%，预计 2030、2050 年将分别达到 30%、40%。在世界大国中，日本电能占终端能源消费的比重最高，达到了 25.7%。电能占终端能源消费的比重超过 20% 的国家还有韩国、法国、美国、英国、德国、加拿大和意大利。目前，我国总体上具备了推动能源生产和消费的革命，提升乡村电气化水平，构建以电为中心的现代能源体系的电网基础，要进一步围绕构建以电为中心的乡村现代能源体系开展工作。

（三）改善能源结构，减少污染

改善能源结构主要指减少散煤的使用，使乡村煤炭的使用量明显降低，改善城乡大气环境。

煤炭是我国最可靠的主体能源，在我国一次能源消费结构中的比重长期保持在 60% 以上。在很长一段时期内，国内散煤燃烧的过程都缺乏完备的环保处理设施，烟气大多直接对空排放。一方面，散煤灰分、硫分含量高导致燃烧后产生大量的烟尘、二氧化硫、氮氧化物等污染物；另一方面，燃用散煤的设施规模偏小，区域分布广，分散式燃烧方式难于集中管理，散煤污染远大于燃煤发电这种集中式的煤炭利用方式。有关研究表明，散煤燃烧排放是近年来雾霾天气频繁侵扰北方地区，造成大范围空气污染的主要原因，治理雾霾的关键是整治散煤污染。其中，农村散煤消费是散煤消费的重要组成部分。

以京津冀地区为例，每年散煤消费量占区域煤炭使用总量的 10%，但对污染物排放量的"贡献"超过 50%，是污染物的主要来源。

根据散煤污染现状，要加快乡村散煤取暖的能源替代工作。实施居民取暖清洁化的当务之急是全面推广清洁煤炭、节能炉具的使用，长远之计是逐步通过集中供热、能源替代方式消除燃煤污染。这些措施实施后，北方地区能减少 40% 左右的污染物排放。

（四）大力加强可再生能源、绿色能源的生产与利用

一次能源可以进一步分为再生能源和非再生能源两大类型。再生能源包括太阳能、水能、风能、生物质能、波浪能、潮汐能、海洋温差能、地热能等。它们在自然界可以循环再生，是取之不尽、用之不竭的能源，不需要人力参与便会自动再生，是相对于会穷尽的非再生能源的一种能源。

在乡村发展可再生能源可以减少污染，降低能源的使用成本，改善乡民的生活。为了大力加强可再生能源、绿色能源的生产与利用，要做到以下三点：一要将可再生能源开发建设规模逐步扩大；二要大力发展可再生能源技术；三要建立乡村低成本可再生能源生产与供应体系。

发展乡村清洁能源既要考虑到我国乡村的发展要求，又要遵循清洁能源发展的客观规律。发展清洁能源的难题是如何保证能源与环境的可持续发展。清洁能源领域虽然有《中华人民共和国可再生能源法》及陆续出台的一系列相应政策法规可供遵循，但具体到发展乡村清洁能源的实际情况，还需要一系列更为具体的政策、标准和法规才具有可操作性。

增加乡村清洁能源的占比，减少不清洁能源的使用，要做好如下工作：一要做好乡村清洁能源发展规划；二要加强乡村清洁能源基础设施建设；三要加强宣传教育；四要搞好清洁能源服务体系建设；五要坚决淘汰不清洁能源。

三、完善水务基础设施

水是生命之源。完善水务基础设施包括推进乡村饮水安全工程建设、加强乡村生活污水处理设施建设、进一步推进乡村"厕所革命"工作等。

（一）推进乡村饮水安全工程建设

推进乡村饮水安全工程建设的目的是走出水的困局，让群众能用上水，用好水。近年来，各地持续加快乡村饮水工程建设，用上水的问题已大部分解决，但是饮水安全难以保障，不稳定因素仍然存在，加之乡村饮水工程重建设、轻管理，缺乏资金，使得群众用水安全感不可持续。因此，要加速提升乡村供水设施建设。一方面，政府要加大资金投入力度，完善供水设施管理机制；另一方面，要鼓励引导吸收社会资本，政府主导，市场参与，结合优势，打通乡村用水最后一公里。要以安全饮水为本，带领群众走出"水"的困局，持续增强群众用水安全感。

（二）加强乡村生活污水处理设施建设

在所有乡村基础设施中，排水设施是一个短板。在逐步解决了乡村饮用水问题之后，一个很重要的任务就是着手解决乡村排水问题。住房和城乡建设部曾经对我国具有代表性的 9 个省 43 个县 74 个村庄进行了入村入户调查，结果显示：96% 的村庄没有排水渠道和污水处理系统。生活污水的随意排放，不仅影响村民日常生活环境，而且给乡村的饮水安全带来了威胁。[①] 随着乡村经济水平的提高，乡村的用水量越来越大，原有的排水系统已经远远不能满足乡村发展的需要，主要表现在：由于没有排水管网系统和集中式污水处理设施，80% 以上的生活污水只能在不经过任何处理的情况下排放，直接流入江河湖泊，造成了严重的水环境问题。

乡村水环境治理的基本措施：一是完善乡村排水工程；二是建立污水处理设施；三是开展养殖业粪便无害化处理；四是防治工业废弃物污染；五是防治农业面源污染。

乡村排水系统的建立与逐步完善，关键在于加大投入力度，以逐步补齐乡村排水设施的短板。

---

① 司国良 . 关于我国农村水环境污染防治政策的思考 [C]. 中国科学技术协会、贵州省人民政府 . 第十五届中国科协年会第 8 分会场：环境科技创新与生态环境建设研讨会论文集 . 中国科学技术协会、贵州省人民政府：中国科学技术协会学会学术部，2013：7–11.

（三）进一步推进乡村"厕所革命"工作

要在现有乡村改厕的基础上，进一步推进乡村"厕所革命"工作，让农民用上卫生、方便的厕所。

总之，乡村水务基础设施的建设，一要推进乡村饮水安全工程建设；二要加强乡村生活污水处理设施建设，使县、镇、乡的污水处理能力大大增强[①]；三要进一步推进乡村"厕所革命"工作。

四、完善垃圾处理基础设施

据统计，我国乡村生活垃圾年产生量大约1.5亿吨。乡村垃圾治理仍然是乡村环境治理中的短板，与农民群众的期盼还有较大的差距，是当前亟待解决的一个重要问题。

我国乡村生活垃圾的特点：组分复杂，危害严重；垃圾分布、产生量及组分特征，地域差异性大；垃圾产生量及组分特征与地区经济发展水平及产业结构密切相关。

我国乡村生活垃圾处理的发展状况：乡村生活垃圾处理已初见成效；乡村垃圾处理基础设施有了一定改善；乡村垃圾治理的资金投入力度在不断加大。

目前，乡村垃圾治理中存在的主要问题有三个。一是资金支撑不足。与城市、工业环境污染的资金投入相比，用于乡村环境整治的资金投入仍然比较少。因为缺少稳定、充足的资金来源，所以难以保证乡村生活垃圾治理的持续性，治理效果不理想。二是缺乏分类别、差异化的乡村垃圾治理技术体系和模式。乡村垃圾的分布点多、面广，各地情况不尽相同。比如说，有的村庄毗邻城市，人口密集；有的地

---

① 魏后凯，闫坤. 中国农村发展报告（2018）：新时代乡村全面振兴之路 [M]. 北京：中国社会科学出版社，2018：395-396.

处偏远山区，居住分散；有的在生态敏感区，生态较为脆弱。这就需要各地因地制宜地确定适宜本地域特点的治理方式。三是乡村地区垃圾分类进展缓慢且缺乏有效的方式。[①]

针对乡村垃圾治理中存在的问题，提出如下解决方法：一是加大资金投入，保证乡村垃圾治理的持续性；二是建立适应地方条件、分类别、差异化的乡村垃圾治理技术体系和模式；三是加快开展乡村垃圾分类工作。

第三节　发展乡村社会事业

要继续把国家社会事业发展的重点放在乡村，促进公共教育、医疗卫生、社会保障等资源向乡村倾斜，逐步建立健全全民覆盖、普惠共享、城乡一体的基本公共服务体系，推进城乡基本公共服务均等化。

一、发展乡村教育事业

发展乡村教育事业包括：加强对乡村教育的投入；提高乡村教育中教师的教学水平；改善乡村教育的硬件水平；逐步实现城乡教育的均等化。

二、推进健康乡村建设

推进健康乡村建设包括：深入实施国家基本公共卫生服务项目；加强慢性病、地方病综合防控；深化乡村计划生育管理服务改革；加

---

① 梁枫，韩冬梅．加强垃圾治理让乡村美丽宜居 [N]．河北日报，2019-05-24，第7版．

强基层医疗卫生服务体系建设，基本实现每个乡镇都有一所政府举办的乡镇卫生院，每个行政村都有一所卫生室；切实加强乡村医生队伍建设；全面建立分级诊疗制度；深入推进基层卫生综合改革；开展和规范家庭医生签约服务；树立大卫生大健康理念。

三、加强乡村社保体系

加强乡村社保体系包括：全面建成覆盖全民、城乡统筹、权责清晰、保障适度、可持续的多层次社会保障体系；进一步完善城乡居民基本养老保险制度；完善统一的城乡居民基本医疗保险制度和大病保险制度；推进低保制度城乡统筹发展；全面实施特困人员救助供养制度。

四、建设养老服务体系

建设养老服务体系包括：适应乡村人口老龄化加剧形势，加快建立以居家为基础、社区为依托、机构为补充的多层次乡村养老服务体系；以乡镇为中心，建立具有综合服务功能、医养相结合的养老机构；提高乡村卫生服务机构为老年人提供医疗保健服务的能力；支持主要面向失能、半失能老年人的乡村养老服务设施建设；开发乡村康养产业项目；鼓励村集体建设用地优先用于发展养老服务。

第三章

美丽宜居的生态环境

生态环境是影响人类生存与发展的水资源、土地资源、生物资源及气候资源数量与质量的总称。美丽宜居的生态环境要解决的是人与环境的和谐问题。

第一节　树立新的生态观

对乡村的生态环境问题不能孤立地看待。从整个地球生态系统的角度看，城市和乡村的生态系统是一个整体，城市和乡村互相依存，谁也离不开谁。城市里面基本没有或者很少有生态系统中的绿色生产者。要维持城市生态系统的运转，就必须靠生态系统的另外那一大半——乡村。因此，解决乡村的生态问题，其意义不仅在乡村本身，更在整个城乡。从城市规划到城乡规划，一个重要的方面，就是把城乡当成一个完整的生态系统加以考虑，对乡村生态系统的结构、功能重新定位。

今天，我们已经不应当把人类作为生态系统的主宰者和服务的对象，而要深刻认识到，在地球生态系统中，人类与其他生物是平等

的，人类只是生物界中的一分子。这就是我们今天应当牢牢树立的新的生态观。从这种生态观出发，我们已经不再仅仅是为了人类更好地生存而被动地保护环境，而是为了和其他生命体共同拥有这个星球而主动地保护环境。

从城市规划到城乡规划是一场认识上的深刻变革，在生态观念上是一场深刻的革命。只有把城和乡统筹起来的规划，才是我们今天所需要的规划。

乡村，相对于城市而言，总体上生态环境比较好，但是并不等于说，乡村就不存在生态环境问题。乡村不但存在生态环境问题，而且在一些地方生态环境问题还相当突出。

乡村生态环境分为两个层面：一是乡村居住生态环境，二是乡村宏观生态环境。保护和建设好乡村生态环境，实现乡村经济可持续发展，是我国在现代化建设中必须始终坚持的一项基本方针。乡村生活生态环境建设的实质是生态环境的保育（保护、改良与合理利用）。

主体功能区规划的一个重要进步，就是区分了人类活动空间和生态空间。生态空间是以人类以外的其他生物为主体的空间。山、水、林、田、湖、草所占据的空间，在人类活动的过程中，都不应当过分地加以干预。

乡村生态空间的梳理，分为村域生态空间梳理和村庄生态空间梳理。梳理村域生态空间和村庄生态空间，地形的梳理是基础，水系的梳理是脉络，植被的梳理是核心。

第一，梳理地形。皮之不存，毛将焉附？离开了地形，生态系统就不复存在。梳理地形不仅是生态系统保育、恢复和发展的需要，也是整个乡村规划的需要。因此，要对一个村庄的地形加以认真的梳理，理清山、谷、沟壑，以及这些山、谷、沟壑同村落建筑的关系，同水系、植被的关系。

第二，梳理水系。水系同地形密不可分，同村落、植被也密不可分。地形和水系往往决定了一个村落的形态，也决定了植被的覆盖情况。

第三，梳理植被。植被是生态系统最基础的要素，人类和各种其他生命体，都需要依附于植被而存在。生态的恢复，首先也要从植被的恢复开始。山、水、林、田、湖、草，山是地形骨架，水、湖是水系，林、田、草是植被。要依托地形骨架，理清当地的水系，形成良好的植被。

▼ 贵州省兴义市纳灰村，山、水、林、田、湖、草与村庄紧密地结合

▲ 农田生态系统

▼ 龙脊梯田，人类与自然和谐共生的生态系统

一、要保护清洁的土壤

随着经济的发展，工业化、城镇化、农业集约化的速度越来越快，很多未经处理的废弃物都转移到了土壤之中，如重金属、硝酸盐、农药、病原菌等。按照污染物性质，污染可以分为无机物污染、有机物污染和生物污染；根据污染物的存在状态，污染可分为单一污染、复合污染及混合污染。目前，我国的土壤污染总体形势非常严峻，部分地区土壤污染严重，并且在有的特殊区域出现了重污染及高风险污染。土壤污染的途径多种多样，原因很复杂，把控起来难度较大。[1] 要保护清洁的土壤，就要珍惜目前尚未被污染的土壤，同时要对已经被污染的土壤进行恢复。

二、要保护清洁的水体

近年来，乡村水资源污染速度明显上升，水环境状况堪忧，恶化程度越来越严重，大肠杆菌、总磷、氨氮、重金属离子、阳离子表面活性剂等是导致乡村水环境受到污染的主要原因。乡村水环境污染所表现出的特点是污染范围较广，污染种类较多，污染源的监测、管理及控制难度较大。乡村居民自身缺乏足够的环保意识及乡村缺乏相应的污水处理设施，导致乡村大部分河道受到污染。乡村水环境受到污染后，不仅会降低粮食的产量，使得乡村居民的经济收入下降，同时还会对乡村居民的用水安全产生影响，直接危害乡村居民的身体健康。相关数据表明，我国近九成的患病人群和超三成的死亡人数都与生活用水不洁直接相关，所以乡村水环境污染最终会对居民的身体健康产生影响。城市的环保监管更为系统和成熟，相比之下，乡村缺乏必要的监管。

---

[1] 臧春明. 论述农村地区土壤污染治理策略 [J]. 国土资源，2018（7）：38-39.

▲ 水与村落的紧密结合是创造良好生态环境的关键，这里的山、水和村落结合得是这样的完美

　　无论是环境监测、环境监理，还是环境规划，都很少涉及乡村，这也导致乡村水环境污染问题越来越严重。①

　　现阶段，造成乡村水环境污染的主要原因：一是农业生产自身带来的污染，主要是化肥、农药和地膜的不合理使用，以及养殖业缺少必要的防护措施等；二是企业的生产污染向乡村转移；三是水处理设施欠缺，特别是缺少对生活污水的统一处理；四是乡村水环境管理意识薄弱。

　　保护清洁的水体，既包括对现有清洁水体的保护，也包括对已经污染水体的恢复。

---

① 宋宁 . 浅议农村水环境污染的现状及防控措施 [J]. 中国资源综合利用，2019，37（4）：130-132.

三、要形成良好的植被

梳理地形和水脉，都是为了植被的恢复。在整个生态系统中，植被是基础。有了良好的植被，才会有干净的水体、清洁的土壤。同时，有了良好的植被，才会有各种野生动物和其他各类生命体。因此，植被的恢复是生态建设、生态恢复的关键，也是生物多样性保护的关键。

随着人口的增加和人类其他活动的影响，也由于人类对于可再生资源的过度利用，导致了大面积的植被被破坏，继而引起了一系列生态环境问题，如水土流失、荒漠化、水体和土壤污染、生物多样性锐减、淡水资源短缺等。在这种情况下，生态恢复被人类提上了议程。

▼ 繁茂的村庄内外植被

▲ 村庄外的植被构成色彩强烈的大地景观

生态恢复是一个回到生态系统原有的结构合理、功能高效和关系和谐的过程。生态恢复，首先是植被的恢复。形成良好的植被是保护城乡生态环境的关键。

对于乡村的生态建设和生态恢复，要做好两件事：一是织补村庄绿色空间；二是织补村域绿色空间。在此基础上，还要保护好清洁的土壤、水体和空气。

第二节　做好乡村植被规划

城市绿地系统规划发展的一个重要趋势在于：绿地系统规划的范围，从市区绿地系统规划，拓展到市域绿地系统规划，进而发展到跨行政界线的区域绿地系统规划。这是因为人们已经认识到，生态环境的保护没有行政界线。生态系统不以城市边界为边界，而是跨越了城乡。城市和乡村共同构成一个完整的生态系统。

城市规划已经迈向城乡规划，乡村绿色空间规划也要迈向村域绿色空间规划，特别是需要做好村域植被规划，以形成良好的乡村生态系统。植物群落的科学规划，本质上就是生态规划。

第一，生态规划的目标是拥有最大的绿量和林木蓄积量。林木蓄积量是计算二氧化碳固定量的指标，和绿量在本质上是统一的。

第二，因地、因时制宜是生态规划的重要保障。过去讲"适地适树"，今天恐怕要改成"适地适群"了，即在适当的地方有适当的群落，而不只是单一的或少数几个树种。

第三，植物物种多样是生态规划的内在要求。和谐和平衡都要靠物种的多样性来达到，一个生态系统物种越多，就越和谐和平衡，也就越稳定。

第四，处理好种间关系是生态规划的关键。植物的种间关系主要表现为相生和相克的关系，处理好植物之间的对立统一关系，是生态规划的关键。

近期，有学者在城市森林建设中提出"近自然设计"概念，就是模拟自然状态下森林的特点（外貌特征、植物组成等），进行近自然的城市森林规划设计和管护。

应该提倡"没有设计的设计"，反对"过度设计"，因为自然知道究竟怎样最好。师法自然，就是充分学习自然，研究自然，特别是学习自然的群落，研究自然的群落，研究群落的组成、结构、存在条件、演替规律，充分给予自然植物群落演替的空间和时间。

第三节　织补村庄绿色空间

　　乡村并不缺少绿色空间，缺少的是村内外协调的绿色空间体系。一些人片面地认为，村外有大面积的绿色空间，村内的绿色空间可有可无。然而，随着乡村集聚度的提高，乡村城镇化趋向已经出现，村内的绿色空间愈发显得重要了。因此，在乡村规划中，要重视绿色空间的营造。要梳理和织补绿色空间，使乡居的生态环境水平有较大幅度的提升，建设真正意义上的美丽乡村。

　　乡村周围的绿色空间相对城市而言较多，但这并不是村落中可以缺乏绿色空间的理由。城乡的融合发展要求村庄成为花园式村庄、园林式村庄，这就要求在村庄规划的过程中留足村内的绿色空间，在村庄建设的过程中搞好园林环境建设。不要把村庄园林建设简单地理解为"四旁绿化"，而要满足生态环境建设的需要与满足村庄居民审美的需要并重。因此，要精心细致地规划并织补村庄内部的绿色空间，建设符合生态与审美需要的花园式村庄。

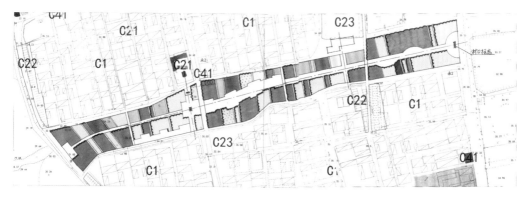

▲ 北京市昌平区小汤山镇某村的中心绿地规划

▲ 美丽如织的田野

北京市昌平区小汤山镇某村在规划中结合村庄土地的整理工作，规划了中心花园，为村庄未来形成良好的生态环境奠定了基础。

第四节　织补村域绿色空间

一些人认为，村外的绿色空间本来就比较好，用不着建设。实际上，我国乡村村外的绿色空间存在的问题也很多，如植被退化，绿色空间被蚕食等。这实际上是大地景物规划设计和生态修复的问题。要织补村域绿色空间，就要将山、水、林、田、湖、草作为一个完整的

陆域生态系统，进行整体的保护修复，实现生态功能的整体提升。人的命脉在田，田的命脉在水，水的命脉在山，山的命脉在土，土的命脉在树。用途管制和生态修复必须遵循自然规律。

由此可见，山、水、林、田、湖、草是人类紧紧依存、区域尺度更大的生命有机体系统，不同成员在系统间进行能量流动、物质循环和信息传递。

要进行山、水、林、田、湖、草生态系统的保护修复，须打破行政区划、部门管理、行业管理和生态要素界限，统筹考虑各要素的保护需求，健全生态环境和自然资源管理的体制机制，推进生态系统的整体保护、综合治理、系统修复工作。要进行山、水、林、田、湖、草生态系统的保护修复，就要树立"绿水青山就是金山银山"的生态价值观，以土地整治与土壤污染修复、生物多样性保护、流域水环境保护治理、区域生态系统综合治理修复等为重点内容，以景观生态学方法、近自然生态化技术为主流技术方法，因地制宜地设计实施路径，持之以恒，坚持不懈，最终达成我们所企盼的愿景。

总之，要实现村庄生态环境的良好发展、城乡生态环境的良好发展，就必须做好织补村域绿色空间的工作。

结　语

　　改革开放四十多年来，中国积累的巨大的特色社会主义现代化建设的动能正在释放。经历了量变的积累，中国乡居革命的质变阶段正在到来。

　　总结本书，可以得出以下认识。

　　乡居革命，包括集约科学的村落建筑；齐备的基础设施，完善的社会事业；美丽宜居的生态环境。

　　集约科学的村落建筑：就是要在规划中努力做到节地节能，重组村落内外交通，把握居住建筑形态，完善公共活动场所；就是要在设计中合理设定乡村居住目标，推广联排、叠拼住宅，改进住宅结构，确立现代居住形态，设计节地节能的建筑方案；就是要在建设中提倡适度集约规模建设，切实提高乡村建设水平，促进建筑业转型。

　　齐备的基础设施，完善的社会事业：就是要建设齐备的交通、能源、水务、垃圾处理基础设施；就是要发展乡村教育事业，推进健康乡村建设，加强乡村社保体系、养老服务体系建设。

　　美丽宜居的生态环境：就是要从人类中心主义思想的禁锢中解放出来，确立符合科学发展规律的新的生态观，规划与织补村庄和村域的绿色空间，做好村庄与村域植被的保护与修复工作。

　　乡居革命已经到来，让我们热情地拥抱它，吹响新时代的号角，为了乡居的现代化而努力奋斗！

▲ 深圳市万科十七英里住宅，地形和大海紧密结合形成的优美景观，成为居住建筑结合环境的典范

▼ 意大利利古里亚联排住宅与山水环境结合紧密

后 记

从对乡居这一话题感兴趣到完成这本小书，两三年的时光倏忽已逝。对于人的一生而言，两三年的时光，既不算长，也不算短。

到乡村考察，乡居的丰富性和美，叩动着我的心扉，打动着我。但相比城市生活的便利，乡居的落后又时常让我感到一丝悲凉。传统乡居的美和现代生活的便利之间的冲突，让我思考究竟什么是当前乡居的主要问题。

为了传统乡居的美而放弃现代生活的便利？这显然不是一个很好的选择。因为再过 50 年，100 年，200 年，大多数普通乡村，终将随岁月的流逝而改变模样，能够完全保留下来的传统聚落，只是沧海中的一粟。而有幸保留下来的，也将面临内部现代化问题。留下的，更多的，只是一个壳，而其中的生活，终将随着经济的发展、社会的变迁，悄然消逝。

所以我在坚决赞成对极少数有较高保留价值的聚落加以彻底保护的同时，又十分坚决地赞成对大多数终将随着历史的发展而湮灭的聚落进行彻底的更新，用新的生活方式代替旧的生活方式，用新的壳代替旧的壳，实现乡居的现代化。这一过程就像破茧化蝶一样，痛苦，沉重，同时，又充满新生的力量！

本书部分图片来源于摄图网，童洁女士为住宅的室内设计提供了咨询，在此一并表示感谢！

陈 鹭

2020 年 3 月 25 日，北京